JN279742

数理統計学の基礎

よくわかる予測と確率変数

新納 浩幸 著

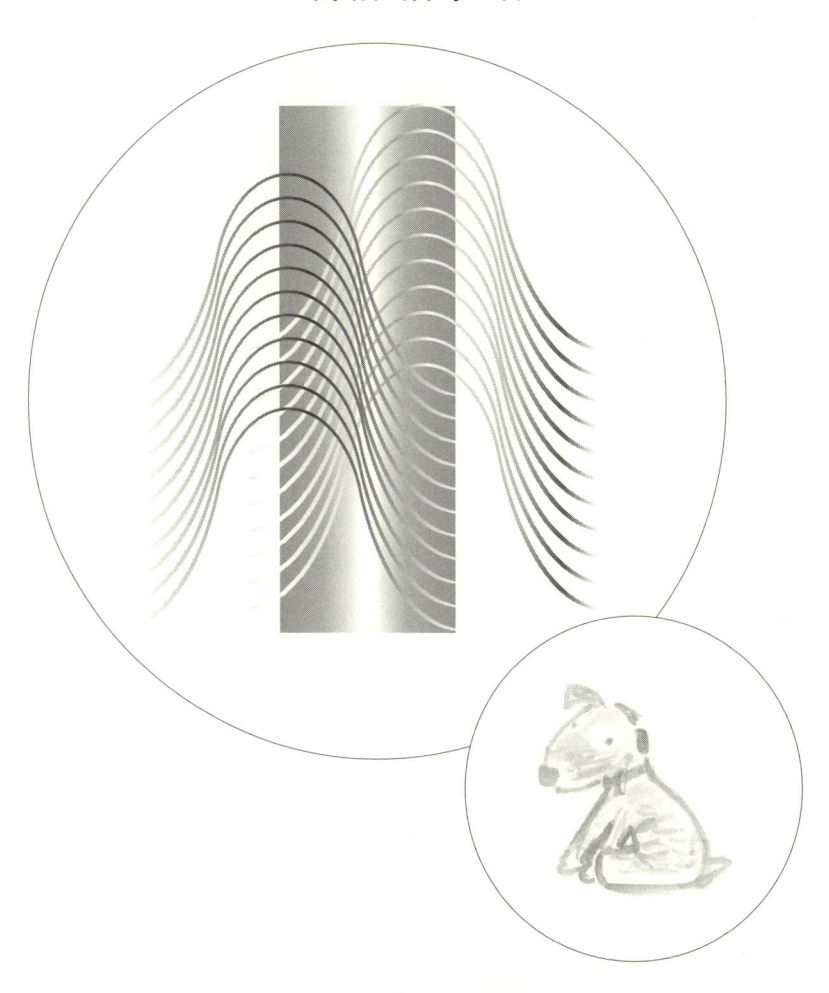

森北出版株式会社

●本書のサポート情報を当社 Web サイトに掲載する場合があります．下記の URL にアクセスし，サポートの案内をご覧ください．

http://www.morikita.co.jp/support/

●本書の内容に関するご質問は，森北出版 出版部「(書名を明記)」係宛に書面にて，もしくは下記の e-mail アドレスまでお願いします．なお，電話でのご質問には応じかねますので，あらかじめご了承ください．

editor@morikita.co.jp

●本書により得られた情報の使用から生じるいかなる損害についても，当社および本書の著者は責任を負わないものとします．

■本書に記載している製品名，商標および登録商標は，各権利者に帰属します．

■本書を無断で複写複製（電子化を含む）することは，著作権法上での例外を除き，禁じられています．複写される場合は，そのつど事前に（社）出版者著作権管理機構（電話 03-3513-6969，FAX 03-3513-6979，e-mail：info@jcopy.or.jp）の許諾を得てください．また本書を代行業者等の第三者に依頼してスキャンやデジタル化することは，たとえ個人や家庭内での利用であっても一切認められておりません．

はじめに

あらゆる学問に対して当てはまりますが,「こんなことして何になるの？」という本質的かつ重要な疑問があります．統計学もまたそうです．突き詰めれば,別に知らなくても生きてはいけます．アラビア語を話せなくても,複雑な因数分解ができなくても,生きてはいけるのと同じです．

しかし統計学は実用上の価値のある数少ない学問の1つだと思います．それは統計学の目的が予測だからです．予測は科学の本質です．

統計学は,数値データの中からいくつかの標本を取り出して,もとの数値データ全体の様子を予想します．この枠組みこそが予測の本質です．科学では,実験を行いデータをとります．次にデータからある法則を仮定し,その法則により未来に起こり得ることを予測します．

一方,神様はその実験を無限回繰り返した無限個の実験データをもっていると見なせます．この実験データには過去に人間が行った実験の結果はもちろん,未来に行うであろう実験の結果もすべて含まれています．この場合,人間が行う実験は,神様のもっている実験データからの標本と見なせます．法則を作るとは,突き詰めれば神様のもっている実験データの様子を知ることです．つまり,科学は統計学の枠組みでとらえることができるのです．

本書の特徴は4つあります．

1つ目は確率変数の説明に力点をおいていることです．統計学は有用な学問であるため,非常にたくさんの教科書があります．ただそれらの教科書は確率変数に関する記述がわかりづらいと思います．たとえばサイコロの出た目を確率変数 X としたとき,$P(X=x)$ という式が頻繁に出てきますが,X は $1,2,\cdots,6$ となる変数で,x も $1,2,\cdots,6$ となる変数です．では $X=x$ はどういう意味なのでしょう．確率は事象に対して定義されるので,$X=x$ は事象,すなわち

ある集合を表さなくてはならないのですが，確率変数のきちんとした理解がされていない限り $X = x$ が事象であることを説明するのは不可能です．逆に確率変数とは何かさえ理解できれば，初等統計学の多くは簡単です．

2つ目は「統計学の目的は予測である」という点を念頭においていることです．「予測するとは何なのか」という原点から予測と確率変数との関係を記述しています．たとえば，なぜ，標本から平均と分散を求めることが大事なのかを，本来解きたかった問題の設定から説明しています．また統計学の目的が予測であれば，確率の知識が必須であることも述べます．たとえば，「明日，日本が沈没する」という予測は誰も相手にしません．なぜなら，その予測は外れる確率が非常に高いからです．予測する場合には，その予測がどれくらいの確からしさで正しいのかを述べないと意味がないのです．

3つ目は数式の変形を，できるだけ丁寧かつ厳密に書いたことです．ただし，高校数学以上の数学の知識が必要なものについては，その旨を記し，結論のみを述べています．高校数学以上の数学の知識が必要な定理などは，何をいっている定理なのかがわかっていればよいと思います．こうすることにより，式の変形を自力で追えることになり，自習書としても機能することを目指しています．

4つ目は例題と練習問題を豊富に盛り込むことです．基本的に1つの節に対して，1つ以上の例題を入れるようにしました．また，それらの問題は具体的な設定として，現実の問題と乖離しないように注意しました．結局，数学は手を使って問題を解かない限り，理解も不十分ですし，知識も身につかないからです．

本書は私なりの統計学に対する考えを丁寧に書いたつもりです．ただ私の不勉強や理解不足によって，誤った記述があるかも知れません．そのような個所を見つけたら，ご指摘下さい．

最後に，本書出版の機会を与えてくださった森北出版社の利根川和男氏と丁寧に校正してくださった森北出版社の石井智也氏に感謝いたします．また本書の執筆を最後まで励まし応援してくれた妻，理加と愛犬，チョコにも感謝します．

2004年5月

新納浩幸

目　　次

第 1 章　事象と確率　　1
- 1.1　事　象 1
- 1.2　確　率 3
- 1.3　同時確率と条件付き確率 5
- 1.4　ベイズの定理 8
- 第 1 章のまとめ 11
- 練習問題 1 12

第 2 章　確率変数と確率分布　　14
- 2.1　確率変数とは 14
- 2.2　離散型確率変数 16
- 2.3　連続型確率変数 18
- 2.4　確率分布 21
- 2.5　確率変数の平均と分散 22
- 2.6　確率変数の変換 26
- 2.7　代表的な確率分布 30
  - 2.7.1　01 分布 30
  - 2.7.2　2 項分布 31
  - 2.7.3　ポアソン分布 34
  - 2.7.4　一様分布 38
  - 2.7.5　指数分布 40
  - 2.7.6　正規分布 43
- 2.8　正規分布についての重要事項 45
  - 2.8.1　標準正規分布 45

	2.8.2	確率の算出	47
2.9	多次元の確率変数		50
	2.9.1	同時分布と周辺分布	50
	2.9.2	多項分布	53
	2.9.3	共分散	54
	2.9.4	2つの確率変数に対する重要定理	55
第2章のまとめ			58
練習問題 2			59

第3章 統計量と確率変数　62

- 3.1 母集団と確率変数 … 62
- 3.2 標本と確率変数 … 64
- 3.3 統計量と標本分布 … 65
- 3.4 標本平均 … 67
- 3.5 χ^2 分布 … 75
- 3.6 t 分布 … 80
- 3.7 F 分布 … 83
- 第3章のまとめ … 86
- 練習問題 3 … 87

第4章 推　定　89

- 4.1 予測するとはどういうことか … 89
- 4.2 推定量の評価 … 91
  - 4.2.1 不偏性 … 92
  - 4.2.2 有効性 … 94
  - 4.2.3 一致性 … 96
- 4.3 推定量の構築 (最尤法) … 97
  - 4.3.1 離散型確率変数の場合 … 97
  - 4.3.2 連続型確率変数の場合 … 99
  - 4.3.3 パラメータが複数ある場合 … 101
  - 4.3.4 最尤推定量の性質 … 102

目　次　v

　　4.4　区間推定 103
　　　　4.4.1　平均の区間推定 103
　　　　4.4.2　分散の区間推定 106
　　第 4 章のまとめ 107
　　練習問題 4 108

第 5 章　検　　定　　111
　　5.1　基本的な考え方と手順 111
　　5.2　両側検定と片側検定 114
　　5.3　平均の検定 115
　　　　5.3.1　分散が既知の場合 115
　　　　5.3.2　分散が未知の場合 118
　　5.4　分散の検定 119
　　　　5.4.1　平均が未知の場合 120
　　　　5.4.2　平均が既知の場合 121
　　5.5　比率の検定 122
　　5.6　2 つの母集団の比較を行う検定 123
　　　　5.6.1　平均の差の検定 123
　　　　5.6.2　分散比の検定 128
　　　　5.6.3　比率の差の検定 130
　　5.7　適合度検定 132
　　　　5.7.1　$r = 0$ の場合のあてはめ 133
　　　　5.7.2　独立性の検定 134
　　　　5.7.3　2×2 分割表からの独立性の検定 ... 137
　　第 5 章のまとめ 140
　　練習問題 5 141

第 6 章　モデル推定とモデル選択　　143
　　6.1　確率モデルとは 143
　　6.2　モデル間の距離 144
　　6.3　モデル推定からの最尤法 147

6.4	情報量規準	151
6.5	モデル選択からの検定	153
第6章のまとめ		158
練習問題6		159

練習問題の解答　　161

参考図書　　167

付　表　　169

索　引　　174

第1章 事象と確率

本章では統計学を学ぶ上で、最低限必要になる確率の知識を学びます。

統計学は、数値データの中からいくつかのデータを取り出して、もとの数値データ全体の様子を予測します。

予測を行う場合、必ず、確率という概念が必要になります。「明日、日本が沈没する」という予測は誰も相手にしません。なぜなら、その予測は外れる確率が非常に高いからです。予測する場合には、その予測がどれくらいの確からしさで正しいのかを述べないと意味がないのです。ですから、統計学を勉強する際には、必ず確率も合わせて勉強しなければなりません。

1.1 事 象

ある試行 (trial) を行うとある現象が生じます。その現象をある観点から見ると、いくつか (無限個かも知れない) の起こり得る結果が想定できます。それぞれの起こり得る結果を ω_i で表し、すべての起こり得る結果の集合を X で表すことにします。X は**標本空間** (sample space) と呼ばれます。起こり得る結果の数が n とすると、X は以下のように表せます。

$$X = \{\omega_1, \omega_2, \cdots, \omega_n\}$$

たとえば、サイコロを1回振り、出る目の数に注目する場合には、

$$X_1 = \{1\text{の目が出る}, 2\text{の目が出る}, \cdots, 6\text{の目が出る}\}$$

また、振ったサイコロがテーブルから落ちるかどうかに注目する場合には、

$$X_2 = \{\text{テーブルから落ちる}, \text{テーブルから落ちない}\}$$

また、振ったサイコロが割れるかどうかに注目する場合には、

$$X_3 = \{\text{割れる}, \text{割れない}\}$$

となります。

X が標本空間のとき，X の部分集合を**事象** (event) といいます．たとえば，X_1 の部分集合，

$$E = \{2\text{の目が出る}, 4\text{の目が出る}, 6\text{の目が出る}\}$$

は，「偶数の目が出る」という結果に対応する事象です．大事な点は，<u>事象は集合である</u>という点です．集合であるため，事象どうしの演算 (たとえば，$\cup$ や $\cap$) が自然に定義でき，それらもある事象に対応します．

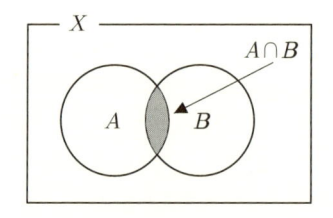

A と B は事象，つまり $A \subseteq X$, $B \subseteq X$ なので，$(A \cap B) \subseteq X$ 結局，$A \cap B$ も事象	A と B は事象，つまり $A \subseteq X$, $B \subseteq X$ なので，$(A \cup B) \subseteq X$ 結局，$A \cup B$ も事象

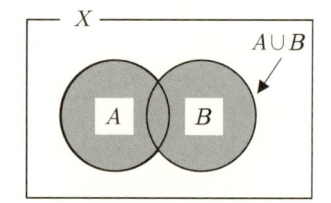

図 1.1 事 象

いくつかの用語の定義をしておきます．要素が 1 つだけの事象を**根元事象** (elementary event)，要素が空である事象を**空事象** (empty event)，標本空間のすべての要素を含む事象を**全事象** (whole event)，事象 E の補集合 $(X - E)$ を E の **余事象** (complementary event) といいます．E の余事象は E^C と表記されます．

また根元事象の場合は，その要素である結果自体を事象と呼ぶ場合もあります．本書ではこのような呼び方をするときもあるので，注意して下さい．

例題 1.1 コインを 2 枚投げる．表が出るか，裏が出るかに注目する．

(1) 標本空間 S を示せ．

(2) 少なくとも1枚表が出るという事象 A を集合の形で示せ.
(3) 少なくとも1枚裏が出るという事象 B を集合の形で示せ.
(4) 事象 $A \cup B$ を求めよ.
(5) 事象 $A \cap B$ を求めよ.

■ 解 答 ■

(1) $S = \{(表, 表), (表, 裏), (裏, 表), (裏, 裏)\}$
(2) $A = \{(表, 表), (表, 裏), (裏, 表)\}$
(3) $B = \{(表, 裏), (裏, 表), (裏, 裏)\}$
(4) $A \cup B = \{(表, 表), (表, 裏), (裏, 表), (裏, 裏)\} = S$
(5) $A \cap B = \{(表, 裏), (裏, 表)\}$

1.2 確 率

確率という言葉の意味を厳密に考えていくと，なかなか難しい面があります．通常，注目している場合の数を，すべての起こり得る場合の数で割った値として理解されています．しかし，そのような確率の算出が妥当なのは，各々の場合の起こる確率が等しいという仮定があります．つまり，この場合，確率の定義に確率という概念を使っており意味をなしません．

数学的には以下で定義されています．

『標本空間 X があり，次の条件を満たすような事象 E から実数の区間 $[0, 1]$ への関数 P が定義できるとき，P を X 上の**確率** (probability) という.』

1. 任意の事象 E に対して，$0 \leq P(E) \leq 1$
2. $P(X) = 1$
3. E_1 と E_2 が**排反** (exclusive)$(E_1 \cap E_2 = \phi)$ ならば，以下が成立する

$$P(E_1 \cup E_2) = P(E_1) + P(E_2)$$

上記の3つをあわせて**確率の公理** (probability axioms) といいます.

上記のような確率の定義は，確率を現象面から定義するのではなく，標本空間と，その標本空間の上で確率の公理を満たす P を確率と呼ぶという形です.

確率の公理は形式的なものであり，$P(E)$ が事象 E の起こりやすさを表しているとは明言していません. ただ，現実の問題では，$P(E)$ が事象 E の起こりやすさに対応するように確率 P を設定しないと，数式の変形だけで有用な結果を導くことはできません.

確率を利用する場合には，まずどのような標本空間を対象としているかを押さえておかなければなりません. 次に，その上での確率が確率の公理を満たしていることを前提としなければなりません. 確率の公理は公理ですから，証明するまでもなく，絶対的に正しいと見なされるものです.

例題 1.2 3枚のコインを投げ，少なくとも1枚表が出る事象を A とする.

(1) A の余事象 A^C はどのような事象に対応するかを述べよ.
(2) $P(A) = 1 - P(A^C)$ を示せ.
(3) (2) を利用して $P(A)$ を求めよ.

■ 解 答 ■

(1) 1枚も表が出ない事象 (= 3枚とも裏が出る事象).
(2) S を標本空間とすると $A \cup A^C = S$ なので，確率の公理 (2) より，
$$P(A \cup A^C) = P(S) = 1$$
また，明らかに，$A \cap A^C = \phi$ なので，確率の公理 (3) より，
$$P(A \cup A^C) = P(A) + P(A^C) = 1$$
以上より，$P(A) = 1 - P(A^C)$ がいえる.
(3) $P(A^C) = \dfrac{1}{8}$ なので，$P(A) = \dfrac{7}{8}$

> **定理 1.1 (加法定理)** A と B をある事象とするとき，以下の等式が成立する．
> $$P(A \cup B) = P(A) + P(B) - P(A \cap B)$$

証明は，厳密にやろうとすると面倒ですが，ベン図を描けば明らかなので，省略します．

加法定理はどのような標本空間に対しても成立するので広く利用できます．

1.3　同時確率と条件付き確率

2 つの標本空間 X と Y があるとき，以下のような集合 $X \wedge Y$ を定義します．
$$X \wedge Y = \{(x,y) | \ x \in X, y \in Y\}$$

これは 2 つの試行 X と Y を行ったときに，起こり得るすべての結果 (組合せ) の集合を表しています．そのため，この集合の各々の要素 (組合せ) を 1 つの根元事象と考えれば，$X \wedge Y$ は 1 つの標本空間と見なせます．そして，$X \wedge Y$ の根元事象 $\{(x,y)\}$ の確率 $P(\{(x,y)\})$ は，試行 X と Y を行ったときに，試行 X では x が生じ，かつ，試行 Y では y が生じる確率になります．

今，$X \wedge Y$ の部分集合の中で，以下の形になっているものを考えます．
$$A \wedge B = \{(x,y) | \ x \in A \subset X, y \in B \subset Y\}$$

A は X の事象で，B は Y の事象です．また，$A \wedge B$ は $X \wedge Y$ の部分集合なので $X \wedge Y$ の事象です．このとき事象 $A \wedge B$ の確率 $P(A \wedge B)$ は，先の確率 $P(\{(x,y)\})$ の意味を考えれば明らかなように，試行 X では A が生じ，しかも，試行 Y では B が生じる確率になります．つまり，A と B がともに起こる確率です．$P(A \wedge B)$ を A と B の**同時確率** (joint probability) と呼びます．

X と Y が等しいときは，$X \wedge Y = X$, $A \wedge B = A \cap B$ となることに注意して下さい．はっきり区別するために，X 上の確率を P_X, Y 上の確率を P_Y, そして $X \wedge Y$ 上の確率を $P_{X \wedge Y}$ と表記します．

$P_X(A) > 0$ のとき，A が起こったという仮定のもとで B が起こる確率を**条件付き確率** (conditional probability) といい $P(B|A)$ で表すことにします．$P(B|A)$ について以下の式が成立します．

$$P(B|A) = \frac{P_{X \wedge Y}(A \wedge B)}{P_X(A)}$$

上記の式を以下のように変形したものは**乗法定理** (multiplication rule of probability) とも呼ばれます.

$$P_{X \wedge Y}(A \wedge B) = P_X(A)P(B|A)$$

この定理は，A と B が同時に起こる確率が，A が起こる確率に A が起こったという仮定のもとで B が起こる確率をかけたものであることを示しています.

次に条件付き確率の例題を解いてみますが，まず単純なケースとして，X と Y が等しい場合を考えてみましょう．この場合，X 上の確率，Y 上の確率，$X \wedge Y$ 上の確率は，みな P_X で表せます．そのため，A が起こったという仮定のもとで B が起こる確率 $P(B|A)$ は以下のようになります.

$$P(B|A) = \frac{P_X(A \cap B)}{P_X(A)}$$

例題 1.3 トランプ (ジョーカーなし) から 1 枚のカードを引く.

(1) エースを引く事象を A とする．$P(A)$ を求めよ.
(2) ハートを引く事象を B とする．$P(B)$ を求めよ.
(3) $P(A|B)$ の意味を述べ，その意味から考えて，その値を求めよ.
(4) $P(A \cap B)$ の意味を述べ，その確率を求めよ.
(5) $P(A|B)$ を条件付き確率の定義から求めよ.

■ 解 答 ■

(1) $P(A) = \dfrac{1}{13}$

(2) $P(B) = \dfrac{1}{4}$

(3) ハートを引いたという仮定のもとで，その引いたカードがエースである確率. $P(A|B) = \dfrac{1}{13}$

(4) ハートのエースを引く確率．$P(A \cap B) = \dfrac{1}{52}$

(5)　$P(A|B) = \dfrac{P(A \cap B)}{P(B)} = \dfrac{1/52}{1/4} = \dfrac{1}{13}$

次に少し複雑なケースとして，X と Y が等しくない場合を考えてみましょう．

例題 1.4　袋 A には赤玉 3 個と白玉 2 個，袋 B には赤玉 1 個と白玉 4 個が入っている．袋 A と袋 B の外見は同じである．2 つの袋のどちらかを選び，その中から 1 個の玉を取り出す操作を行う．

(1)　袋 A を選ぶ事象を A，袋 B を選ぶ事象を B とする．$P(A)$ と $P(B)$ を求めよ．

(2)　白玉を取り出す事象を W とおく．$P(W|A)$ の意味を述べ，その値を求めよ．

(3)　$P(A \wedge W)$ の意味を述べ，その値を求めよ．

■ 解 答 ■

(1)　$P(A) = P(B) = \dfrac{1}{2}$

(2)　袋 A を選んだ場合に，白玉を取り出す確率．袋 A には赤玉 3 個と白玉 2 個が入っているので明らかに，$P(W|A) = \dfrac{2}{5}$．

(3)　袋 A を選び，かつ白玉を取り出す確率．
$$P(A \wedge W) = P(A)P(W|A) = \dfrac{1}{2} \cdot \dfrac{2}{5} = \dfrac{1}{5}$$

もし条件付き確率 $P(B|A)$ が $P_Y(B)$ と等しいとき，これは事象 B の起こる確率が事象 A の起こる確率に無関係であることを意味します．この場合，事象 A と事象 B は **独立** (independent) であるといいます．つまり独立とは，
$$P(B|A) = P(B)$$
あるいは，
$$P_{X \wedge Y}(A \wedge B) = P_X(A)P_Y(B)$$
が成立していることをいいます．これが事象の独立の定義です．後になって，確率変数の独立の定義が出てきますが，区別しておいて下さい．

1.4 ベイズの定理

ベイズ (Bayes) の定理は式の変形によって証明でき，その証明自体は明瞭です．しかし実際の問題では一見納得のいかない確率がベイズの定理によって算出されます．このためベイズの定理を利用すべき確率の問題には，細心の注意が必要です．

ベイズの定理はすでに述べた条件付き確率と次に証明する**全確率の公式**から自然に導かれる定理です．

> **定理 1.2 (全確率の公式)** 事象 $A_i (i = 1, \cdots, n)$ は互いに排反でかつ，全事象の分割とする．すなわち，
> $$S = \bigcup_{i=1}^{n} A_i, \quad A_i \cap A_j = \phi \quad (i \neq j)$$
> このとき，任意の事象 B に対して，以下の式が成り立つ．
> $$P(B) = \sum_{i=1}^{n} P(A_i) P(B|A_i)$$

【証明】

その意味から考えて $P(B) = P(S \wedge B)$ は成立する．また，

$$S \wedge B = \left(\bigcup_{i=1}^{n} A_i \right) \wedge B = \bigcup_{i=1}^{n} (A_i \wedge B) \tag{1.1}$$

今，$A_i \cap A_j = \phi$ なので，

$$(A_i \wedge B) \cap (A_j \wedge B) = \phi.$$

すなわち式 (1.1) と上記の関係から，確率の公理を用いて，

$$P(B) = \sum_{i=1}^{n} P(A_i \wedge B)$$

上の式と条件付き確率の定義から，

$$P(B) = \sum_{i=1}^{n} P(A_i)P(B|A_i)$$

■

例題 1.5 天気を雨と非雨の2種類とする．また，その日の天気が前の日の天気と同じになる確率を 0.7 とする．今日が雨のとき，明後日が非雨になる確率を求めよ．

■ **解 答** ■

明日が雨の事象を A_1，明日が非雨の事象を A_2，明後日が非雨の事象を B とおく．求める確率は $P(B)$ である．題意より，$P(B|A_1) = 0.3$，$P(B|A_2) = 0.7$ である．また今日は雨なので，$P(A_1) = 0.7$，$P(A_2) = 0.3$．

全確率の公式より，
$$\begin{aligned} P(B) &= \sum_{i=1}^{2} P(A_i)P(B|A_i) \\ &= P(A_1)P(B|A_1) + P(A_2)P(B|A_2) \\ &= 0.7 \cdot 0.3 + 0.3 \cdot 0.7 = 0.42 \end{aligned}$$

定理 1.3 (ベイズの定理) 事象 $A_i (i = 1, \cdots, n)$ は互いに排反でかつ，全事象の分割とする．そのとき，任意の事象 B に対して，以下の式が成り立つ．
$$P(A_i|B) = \frac{P(A_i)P(B|A_i)}{\sum_{i=1}^{n} P(A_i)P(B|A_i)}$$

【証 明】

条件付き確率の定義より $P(A_i \wedge B) = P(A_i)P(B|A_i) = P(B)P(A_i|B)$．よって，全確率の公式を用いて，
$$P(A_i|B) = \frac{P(A_i)P(B|A_i)}{P(B)} = \frac{P(A_i)P(B|A_i)}{\sum_{i=1}^{n} P(A_i)P(B|A_i)}$$

■

例題 1.6 見分けのつかない袋が 3 つある．それぞれ 2 つの玉が入っている．第 1 の袋には 1 個の赤玉と 1 個の白玉，第 2 の袋には 2 個の赤玉，そして第 3 の袋には 2 個の白玉が入っている．今，1 つの袋を選び，その中から 1 つ玉を取り出したところ，赤玉であった．袋の中にはもう 1 つ玉が残っているが，その残っている玉が白玉である確率を求めよ．

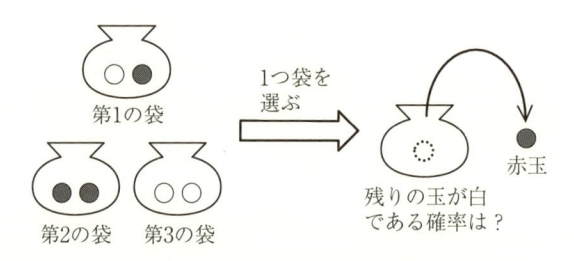

図 1.2 ベイズの定理の例題

■ 解 答 ■

第 1 の袋を選ぶ事象を A_1 とし，第 2 の袋を選ぶ事象を A_2，第 3 の袋を選ぶ事象を A_3 とおく．また赤玉を取り出す事象を B とおく．残っている玉が白玉である確率は $P(A_1|B)$ である．これはベイズの定理を用いると，

$$P(A_1|B) = \frac{P(A_1)P(B|A_1)}{\sum_{i=1}^{3} P(A_i)P(B|A_i)}$$

である．$P(A_i) = 1/3$ であり，$P(B|A_1) = 1/2$, $P(B|A_2) = 1$, $P(B|A_3) = 0$ であるので，

$$P(A_1|B) = \frac{\frac{1}{3} \cdot \frac{1}{2}}{\frac{1}{3} \cdot \frac{1}{2} + \frac{1}{3} \cdot 1 + \frac{1}{3} \cdot 0} = \frac{1}{3}$$

通常，この例題には 3 種類の誤解があります．

第 1 の誤解は，赤玉を取り出したとすれば，選んだ袋は第 1 の袋か第 2 の袋であり，第 1 の袋であれば残りは白玉，第 2 の袋であれば残りは赤玉なので，

残りが白玉である確率は，1/2 という考え方です．これは明らかに間違いですが，こう考えてしまう人が大勢います．間違いであることは，よく考えればわかります．最初に赤玉を取り出したということは，最初に選んだ袋が第2の袋である可能性が高いことに注意して下さい．つまり残りの玉が白玉である確率は 1/2 より小さいことは明らかなのです．

第2の誤解は，この問題は結局，最初に選んだ袋が第1の袋である確率を求める問題であり，第1の袋を選ぶ確率は 1/3 だというものです．これも間違いです．これはたまたま答えが同じであったに過ぎません．もしも残りの玉が赤玉である確率を聞かれた場合，この考え方だと最初に選んだ袋が第2の袋である確率を求める問題だとして扱われ 1/3 という答が出ますが，実際は 2/3 です．

第3の誤解は，少しやっかいです．赤玉は第1の袋に1個，第2の袋に2個，第3の袋に0個であり，3つある．今，第1の袋の赤玉に1番，第2の袋の赤玉に2番，3番と番号を付けたとすると，この中から1番の赤玉を取り出す確率は 1/3 なので，最初に選んだ袋が第1の袋である確率も 1/3 というものです．この考え方は一見正しいように思えますが誤りです．この考え方ですと，各袋の玉の数を変化させて，残りの玉の色を尋ねるのではなく，直接どの袋を最初に選んだのかを尋ねる問題に変化させた場合には，正しい答えを導けません．たとえば，第2の袋には99個の赤玉が入っているとします．この誤った考え方だと，最初に選んだ袋が第1の袋である確率は 1/100 になってしまいます．ベイズの定理で導けば 1/3 です．

このようにベイズの定理を使う場合には，直感とは異なる確率が算出される場合が多々あります．注意が必要です．

◆◆ 第1章のまとめ ◆◆

本章では統計学に最低必要とされる確率の基本事項を学びました．

☐ **標本空間と事象**

ある試行の起こり得る結果の集合が標本空間であり，その部分集合が事象です．確率は事象に対して与えられます．

12   第1章 事象と確率

❏ **確率の公理**

標本空間 X 上で確率の公理 (3 つの式) を満たす関数 P が X の上の確率です。

❏ **加法定理**

$$P(A \cup B) = P(A) + P(B) - P(A \cap B)$$

❏ **同時確率と条件付き確率**

A と B が同時に起こる確率 $P(A \wedge B)$ が同時確率であり，A が起こったという仮定の下で B が起こる確率 $P(B|A)$ が条件付き確率です。

❏ **ベイズの定理**

$$P(A_i|B) = \frac{P(A_i)P(B|A_i)}{\sum_{i=1}^{n} P(A_i)P(B|A_i)}$$

この定理を使うと直感とは異なる確率が算出される場合があるので注意が必要です。

練習問題 1

1.1 2 つのサイコロを投げて，出た目のパターンに注目する．

(1)   標本空間を示せ．

(2)   サイコロの目の和が 6 になる事象 A を示せ．

(3)   2 つのサイコロの目がともに偶数である事象 B を示せ．

(4)   事象 $A \cup B$ を求めよ．

(5)   事象 $A \cap B$ を求めよ．

1.2 3 個のサイコロを投げる．i の目がちょうど 1 つだけ出る事象を A_i，事象 A_i の起こる確率を $P(A_i)$ で表す．以下の問に答えよ．

(1) $P(A_1)$ を求めよ．

(2) $P(A_2)$ を求めよ．

(3) $P(A_1 \cap A_2)$ の意味するところを書き，その値を求めよ．

(4) $P(A_1 \cup A_2)$ の意味するところを書き，その値を求めよ．

1.3 2 つのサイコロを投げる．

(1) 異なる目が出る事象を A とする．確率 $P(A)$ を求めよ．
(2) どちらか少なくとも一方の目が 1 である事象を B とする．確率 $P(B)$ を求めよ．
(3) $P(A \cap B)$ の意味を述べ，その確率を求めよ．
(4) $P(A|B)$ と $P(B|A)$ のそれぞれの意味を述べよ．
(5) $P(A|B)$ と $P(B|A)$ を求めよ．

1.4 5 桁の数 (10000 〜 99999) の中から適当な数を 1 つ取り出すとき，その数の中で 1 と 2 がこの順で隣り合わせに並べられている確率を求めよ．

1.5 30 人のクラスがある．このクラスの生徒の誕生日がすべて異なる確率を求めよ．ただし 1 年は 365 日とする．また，何人以下のクラスであれば，誕生日がすべて異なる確率が 0.5 以上になるか．

1.6 サイコロを n 個投げたとき，目の和が奇数である確率を求めよ．

1.7 コインを 3 回投げる．1 回目に表が出る事象を A，少なくとも 1 回表が出る事象を B，3 回とも同じものが出る事象を C とする．A と B，A と C，B と C のそれぞれの独立性を判定せよ．

1.8 $1, 2, \cdots, n$ の n 枚のカードの中から，A 君と B 君が 1 枚づつカードを引き，大きい数を引いた方が勝ちというゲームを行う．このゲームで A 君が勝つ確率を求めよ．

1.9 ある国では，男性 1000 人に 1 人の割合で，ある病気に感染している．検査薬によって，感染していれば 0.98 の確率で陽性反応が出る．ただし感染していない場合でも，0.01 の確率で陽性反応が出てしまう．ある男性に検査薬を試したところ，陽性反応が出た．この男性が感染者である確率を求めよ．

1.10 スミス氏には 2 人の子供がいる．町でスミス氏に会ったとき，スミス氏は男の子を連れており，「これは私の息子です」と紹介した．スミス氏にはもう 1 人の子供がいるはずだが，その子が男の子である確率を求めることを考える．ある生徒は以下のように答えた．
「スミス氏の子供は，出生順に考えると男男，男女，女男，女女の 4 通りであり，それらは等確率である．今，女女のケースはなくなり，残りの子供が男であるのは，男男のケースしかないのだから，答は 1/3 である．」
この考えは正しいか．もし誤っているとしたら，どこに誤りがあるかを指摘せよ．

第2章
確率変数と確率分布

本章では統計学の最重要項目である確率変数について学びます．線形代数が行列やベクトルという数学上の道具を利用して話が展開するように，統計学では確率変数を基本的な道具として話が進みます．後述しますが，データの集合，標本，統計量，それらはすべて確率変数として扱えます．予測するとは確率変数の分布を求めることに対応します．統計学を理解するためには，まず確率変数とは何かを理解する必要があります．

確率変数は通常の変数と異なり，その変数がとり得る値に確率が関連付けられています．その関連の付けられ方の様子が確率分布です．ここでは代表的な確率分布として，01分布，2項分布，ポアソン分布，一様分布，指数分布，正規分布の6つを学びます．特に正規分布は重要です．また多次元の確率変数についても学びます．

2.1 確率変数とは

標本空間 Ω 上で定義される <u>実数値関数</u> X を考えます．つまり，Ω 内の任意の要素 ω に対して，$X(\omega)$ は実数値となります．このとき任意の実数 x に対して，以下のような <u>根元事象の集合</u> が定義できます．

$$\{\omega \mid X(\omega) < x\}$$

これは，$X(\omega)$ の値が x よりも小さい値をとるような ω の集合です．この集合は Ω の部分集合なので事象です．この事象に対して確率が定義できるとき，X を **確率変数** (random variable) と呼びます．

上記が確率変数の厳密な定義です．でも，少しわかりづらいので，数学上の厳密さはとりあえずおいておいて，実際の話をしましょう．

標本空間 Ω とは現実世界では試行の結果の集合です．Ω の要素である ω は試行のある結果に対応します．そして X は Ω から実数値への関数です．つまり各試行の結果を数値に対応させたとき，その数値の集合が確率変数です．厳密には上記の定義の特殊な場合に相当しますが，現実にはこのような形でとらえておいて問題ありません．まとめると，

$$\Omega = \{\omega_1, \omega_2, \cdots, \omega_n\}$$

から

$$Z = \{X(\omega_1), X(\omega_2), \cdots, X(\omega_n)\}$$

を作成します．この集合 Z が確率変数です．そして確率変数は慣習的に，Z ではなく，もとになる実数値関数 X により表現するので，以下のようになります．

$$X = \{X(\omega_1), X(\omega_2), \cdots, X(\omega_n)\}$$

たとえば，コインを投げて，表が出るか裏が出るかに注目する場合には

$$\Omega = \{\,\text{表が出る}, \text{裏が出る}\,\}$$

という標本空間が得られますが，ここで

$$X(\omega) = \begin{cases} 0 & (\omega = \text{表が出る}) \\ 1 & (\omega = \text{裏が出る}) \end{cases}$$

と定義すれば，

$$X = \{0, 1\}$$

という確率変数が得られます．数値の対応のさせ方，つまり関数 X の定義は，特に上に記したものに限りません．いくつでも考えることができます．たとえば，

$$X(\omega) = \begin{cases} 0 & (\omega = \text{表が出る}) \\ 100 & (\omega = \text{裏が出る}) \end{cases}$$

などとしてもかまいません．$X(\omega)$ は試行の結果 ω に対する賞金だと考えればわかりやすいでしょう．賞金なので，どのように配分するかは自由です．

さらに，試行と注目する観点から明らかに標本空間が数値の集合になる場合には標本空間自体を関数 X で表します．たとえば，サイコロを1回振り，出る

目の数に注目する場合，標本空間は

$$\Omega = \{1\,\text{の目が出る}, 2\,\text{の目が出る}, \cdots, 6\,\text{の目が出る}\}$$

ですが，Ω を出さずに，直接，

$$X = \{1, 2, \cdots, 6\}$$

と書いて，この X を確率変数として直接扱うことが一般的に行われます．「サイコロを振り，出た目の数 X としたとき，…」という文章があれば，X は，

$$X = \{1, 2, \cdots, 6\}$$

という確率変数であることが暗に仮定されています．

　注意して欲しいのは，確率変数は数値の集合ですが，ただの数値の集合ではないということです．各数値にはある試行の結果が対応しています．そしてその試行の結果にはその結果が起こり得る確率が付いています．まとめると，「確率変数は数値の集合であり，各要素の数値には確率が付与されている．」ということになります．

　確率変数は数値の集合ですが，この数値の集合の種類によって確率変数は大きく 2 つに分類されます．1 つは，**離散型確率変数**，もう 1 つは**連続型確率変数**です．はじめに離散型確率変数の説明をし，その説明のアナロジーを使いながら連続型確率変数を説明します．

2.2　離散型確率変数

　離散型確率変数 (discrete random variable) は簡単です．これまで例として出してきた確率変数はすべて離散型です．

　確率変数とは数値の集合ですが，離散型確率変数はその集合の要素数が数えられるもののことをいいます．「数えられる」という言葉は，奇妙に聞こえるかもしれませんが，これは数学用語です．もう少し固い表現を使えば，標本空間の要素数が有限個あるいは可算無限個の場合を，離散型といいます．

　たとえば，サイコロを振って出た目の数 X は離散型確率変数です．なぜなら，

$$X = \{1, 2, \cdots, 6\}$$

であり，要素数は 6 と数えられるからです．またある人に適当な 0 以上の整数を言ってもらい，その数を X とすると，X は確率変数になり，

$$X = \{0, 1, 2, \cdots\}$$

です．この場合の要素数は無限であり，数えられないように見えますが，1 番目の要素から順に，1, 2, 3, … と数えてゆけます (ただし終りはありません)．無限の数であってもこのように，数えてゆけるタイプの無限を可算無限といいます．

離散型確率変数は，要素数が N であるといえる (有限個の) ものか，要素数が可算無限個であるものです．ちなみに，要素数が有限個でも可算無限個でもないものの代表例はある区間内の実数値の個数です．たとえば 0 と 1 の間にある実数の個数は無限であり，しかも数えることはできません．

離散型確率変数 X が数値 x をとる確率を $P(X = x)$ と表記することにします．ここまでの説明では，X は集合だったので，$X = x$ という表記は奇妙に感じるかも知れませんが，本来の定義に戻れば，X は関数なので $X = x$ とは以下の事象を表現していることを考えれば納得できるでしょう．

$$A = \{\omega \,|\, X(\omega) = x\}$$

定義から考えれば明らかなように，事象 A の確率 $P(A)$ により $P(X = x)$ が定義されます．つまり $P(X = x) = P(A)$ です．

ただ実際は離散型確率変数の各要素の数値は根元事象に対応してるので，x に対応する根元事象 A の確率が $P(X = x)$ と考えてかまいません．

例題 2.1　コインを 3 枚投げる．表になったコインの枚数を X とおくとき，X は離散型確率変数になることを示せ．

■ 解答 ■

X のとり得る値は 0, 1, 2, 3 のいずれかである．また，それぞれの数値には，1/8, 3/8, 3/8, 1/8 という確率が対応しているので，X は離散型確率変数となる．

2.3 連続型確率変数

連続型確率変数 (continuous random variable) は離散型とは異なりとても理解しづらいです．

連続型確率変数とは確率変数の数値の集合が実数のある区間の場合をいいます．

たとえば，ある人が公衆電話を使って 10 円で話す秒数を考えてみましょう．ここでは，10 円で最大 3 分間話せるとします．3 分後には必ず電話は切れるので，話す時間は 0 秒から 180 秒の間の実数となるのは明らかです．この問題では以下の標本空間が考えられます．

$$\Omega = \{x \text{ 秒話す} \mid 0 \leq x \leq 180\}$$

ここで話す秒数を X とおくと，X は以下の範囲の値をとる確率変数になります．

$$X = \{x \mid 0 \leq x \leq 180\}$$

ここまでは特に離散型との違いはありません．離散型と大きく異なっているのは，確率の与え方です．離散型の場合は，集合内の各要素に対して確率が定義できました．ところが上記のような実数区間の場合，集合内の各要素の数値 x に対する確率は 0 になってしまうのです．つまり，$P(X = x) = 0$ なのです．たとえば，2 分 30 秒 (= 150 秒) 話すという事象の確率は 0 です．

この点は次の 2 点から奇妙に感じるられると思います．1 点目は，2 分 30 秒話すということは考えることができるのだから，非常に小さい値かも知れないが，確率があるはずだという点，もう 1 点は確率の総和は 1 であるべきだが，各点の確率が 0 であれば，各点を集めた標本空間全体の確率も 0 であり，不合理だという点です．

これらの疑問に対して明確な答を述べるには測度論 (measure theory) の知識が必要です．これは本書のレベルを超えるので，詳しくは述べません．

ただ 2 つだけ考えるポイントを示しておきます．1 つは，150 ピッタリということは絶対にありえないということです．150 ピッタリだと思っても，

150.000000000000000000001 や 149.999999999999999999

かもしれません．いくらでも精度を細かくすれば，その確率は小さくなり，や

がて 0 になってしまいます．結局 $P(X = 150) = 0$ となってしまうのです．

2 つ目は，0 を無限に集めてゆくと，その和が 0 以上になる場合も有り得るということです．これは今までの数学でも接してきた内容です．点は長さをもちませんが，点の集まりである線は長さをもちます．線は面積をもちませんが，線の集まりである面は面積をもちます．

ともかく連続型確率変数の第 1 のキーポイントは，$P(X = x) = 0$ ということです．これは納得いかないかもしれませんが，とりあえず天下り的にそう考えておいて下さい．

連続型確率変数の各要素 (各点) の確率を考えることは無意味です．ではどうすれば確率変数と確率との対応関係を記述することができるのでしょうか．ここで**分布関数** (distribution function) という概念が出てきます．

最初に行った確率変数の定義には離散型や連続型の区別はありません．とにかく標本空間内の要素から実数値への関数 X があり，以下の集合が事象になる場合，X は確率変数だと述べました．

$$\{\omega \mid X(\omega) < x\}$$

この集合を使って，以下のような関数が定義できます．

$$F(x) = P(\{\omega \mid X(\omega) < x\})$$

この $F(x)$ を分布関数と呼びます．さらに，上の式の右辺は $P(X < x)$ と略記されます．

つまり，確率変数 X の分布関数とは，以下で定義できる実数値から $[0,1]$ への関数となります．

$$F(x) = P(X < x)$$

右辺の確率は，先のように 1 点の確率ではなく，ある範囲に入る確率なので，これは 0 とは限りません．先の例では，たとえば，$F(150)$ というのは，電話を 150 秒以内に切る確率であり，これは 0 ではないでしょう．そしてこの場合 $F(180) = 1$ も明らかです．

定義から明らかなように分布関数は単調増加関数です．また

$$F(-\infty) = 0 , F(\infty) = 1$$

も成立します.

また連続型確率変数 X の場合,$P(X \leq x)$ と $P(X < x)$ は $P(X = x) = 0$ なので,同じ値です.不等号に等号が含まれるかどうかに気を使う必要はありません.

分布関数は離散型確率変数についても同様に定義できます.たとえば,サイコロを 1 つ振り,出た目 X の離散型確率変数を考えてみます.この場合,$F(x)$ は図 2.1 のような階段関数になります.

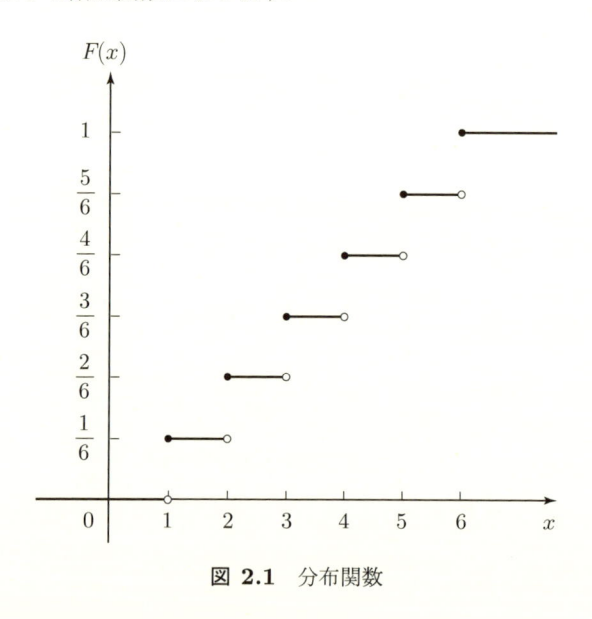

図 2.1 分布関数

例題 2.2 連続型確率変数 X が区間 $[0,1]$ で定義されており,分布関数が $F(x) = ax^2 + b$ で表せるとする.このとき a と b の値を求めよ.またこの分布関数のグラフを描け.

■ 解 答 ■

$F(0) = b = 0$ および,$F(1) = a + b = 1$ より,$a = 1$,$b = 0$.$F(x) = x^2$ よりグラフは図 2.2 のとおり.

図 **2.2** 例題 2.2 の解答

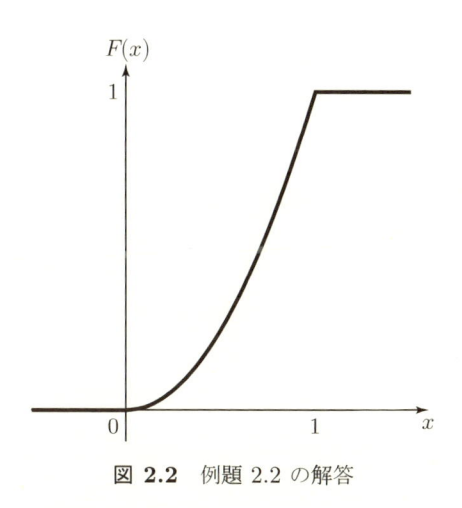

2.4 確率分布

　離散型であっても連続型であっても，確率変数は数値の集合です．この集合と確率との対応関係を**確率分布** (probability distribution) といいます．

　離散型の場合，数値の集合の要素数が有限個か可算無限個であり，それぞれの要素の数値に対して確率が付与されています．このそれぞれの数値とその数値に対する確率との対応関係が離散型確率変数の確率分布となります．確率分布は対応関係さえ表せばよいので，式や表やグラフなど何を用いてもよいのですが，通常は式で表します．たとえば，サイコロを振って出た目 X の離散型確率変数を考えると，X の要素 x に対する確率 $P(X=x)$ は，

$$P(X=x) = \frac{1}{6}$$

と表せます．つまり，離散型の場合，通常 $P(X=x)$ によって確率分布を表現します．

　連続型の場合，数値の集合は実数のある区間です．連続型の確率分布を表現するには，分布関数を利用します．分布関数自体が連続型の確率分布と呼べますが，分布関数は

$$f(x) \geq 0,$$

$$\int_{-\infty}^{\infty} f(x)dx = 1$$

を満たす関数 $f(x)$ を用いて,

$$F(y) = \int_{-\infty}^{y} f(x)dx$$

と表せます．この $f(x)$ を確率変数 X の**確率密度関数** (probability density function) と呼び，この関数によって X の確率分布を表現することもあります．

また連続型確率変数の場合，分布関数 $F(x)$ と確率密度関数 $f(x)$ には以下の関係があります．

$$F'(x) = f(x)$$

連続型確率変数 X があるとき，X に対する確率密度関数 $f(x)$ は必ず存在するのか，という疑問が当然あると思います．これを示すのも大変です．ただ現実の応用では確率密度関数 $f(x)$ が存在することを前提としてよいはずです．逆に確率密度関数 $f(x)$ が存在することから出発した連続型確率変数 X の定義を行う流儀もあります．

例題 2.3 区間 $[0, 1]$ で定義された連続型確率変数 X の確率密度関数が $f(x) = ax$ で表せるとき，a の値および分布関数 $F(x)$ を求めよ．

■ 解 答 ■

$$F(x) = \int_{-\infty}^{x} f(y)dy = \left[\frac{a}{2}y^2\right]_0^x = \frac{a}{2}x^2$$

今，$F(1) = \dfrac{a}{2} = 1$ なので $a = 2$．よって，$F(x) = x^2$

2.5 確率変数の平均と分散

離散型確率変数 $X = \{x_1, x_2, \cdots, x_n\}$ とし，$P(X = x_i) = p_i$ とします．このとき，

$$\mu = E(X) = \sum_{i=1}^{n} x_i p_i$$

を確率変数 X の**平均** (mean/average) または**期待値** (expectation) といいます．通常，$E(X)$ や μ で表します．

平均という言葉は馴染み深いでしょう．クラスの平均の身長，あるいは1学年の数学の平均点などと日常生活でよく使われています．これらは数値データに対する平均です．後述しますが，数値データも確率変数と見なすことができるので，数値データに対する平均は確率変数の平均の特別なケースです．別の言葉でいえば，確率変数の平均は数値データに対する平均を抽象化した概念です．

さきほど数値データも確率変数と見なすことができると述べました．この点を説明しましょう．今，以下のような要素数が 10 個の数値データを考えてみます．

$$X = \{70, 75, 75, 75, 80, 80, 85, 90, 90, 100\}$$

この数値データ X の平均は，

$$\frac{70 + 75 + 75 + 75 + 80 + 80 + 85 + 90 + 90 + 100}{10} = 82$$

と求められます．ここで，75 というデータは 3 個，80 というデータは 2 個，90 というデータは 2 個あることに注目すると，数値データ X の平均は，

$$\frac{70 + 3 \cdot 75 + 2 \cdot 80 + 85 + 2 \cdot 90 + 100}{10}$$

と表せます．さらにこの式は

$$\frac{1}{10} \cdot 70 + \frac{3}{10} \cdot 75 + \frac{2}{10} \cdot 80 + \frac{1}{10} \cdot 85 + \frac{2}{10} \cdot 90 + \frac{1}{10} \cdot 100$$

と変形できます．今，数値データ X から 1 つの数値を取り出すことを考えてみます．取り出される数値は 70, 75, 80, 85, 90, 100 のいずれかです．また，それぞれの数値が取り出される確率は，1/10, 3/10, 2/10, 1/10, 2/10, 1/10 です．つまり，数値の集合

$$Y = \{70, 75, 80, 85, 90, 100\}$$

を考え，各要素の数値に対して，上記で述べた確率を対応させると，数値の集

合 Y は確率変数と見なせます．次に，確率変数 Y の平均を求めてみましょう．すると，それはまさしく 82 であることが確認できます．

まとめておきましょう．<u>数値の集合は，各要素の数値の全体に対する割合を確率に対応させることで，確率変数と見なせます．</u>

次に分散の定義をしましょう．確率変数 $X = \{x_1, x_2, \cdots, x_n\}$ に対する**分散** (variance) は以下の式で定義されます．

$$\sigma^2 = V(X) = \sum_{i=1}^{n}(x_i - \mu)^2 p_i$$

ここで，$p_i = P(X = x_i)$ であり，μ は確率変数 X の平均です．また分散は，通常，$V(X)$ や σ^2 で表します．また分散の正の平方根 σ は**標準偏差** (standard deviation) と呼ばれます．

平均と同じように，分散も数値データの集合に対して定義されています．数値データの集合に対する分散の定義は，上記の式の p_i が $1/n$ になったものです．この場合，数値データの集合の要素の中には重複したものも含まれます．

数値データの集合の場合，分散はデータの散らばり具合を示しています．たとえば，

$$X = \{100, 100, 101, 99, 102, 98\}$$

の平均は 100 です．また

$$Y = \{200, 100, 150, 50, -20, 120\}$$

の平均も 100 です．どちらも同じ平均をもちますが，データの様子は相当違います．X は平均 100 と近い数が多くあり，その結果平均が 100 となっています．このような集合は，数値の散らばり (分散) が小さいといえます．一方，Y は平均 100 とは離れた数がたくさんありますが，100 より大きい数と 100 より小さい数が足し算で相殺されて結果的に平均が 100 となっています．このような集合は，数値の散らばり (分散) が大きいといえます．

なぜ，分散という概念が必要かといえば，平均だけではもとの数値データを特徴付けるには不十分だからです．たとえば，さきほどの集合 X の中から 1 つの数値をランダムに取り出して，(出てきた数値) × 1 万円もらえるというゲームを考えてみましょう．ただし，このゲームの 1 回の料金は 90 万円とします．

さてみなさんは，このゲームをやりますか．当然，やるでしょう．X の中の一番小さな数値は 98 であり，少なくとも 98 万円はもらえます．そして，1 回の料金は 90 万円なので，必ず儲かるのですから．ところが X ではなく，Y の中から数値を取り出すことになったらどうですか．これは考える人も多いでしょう．90 以下の数が 6 個中 2 つあり，1/3 の確率で損するからです．このゲームは母体となる集合が X にしろ Y にしろ，平均が 100 つまり，期待値は 100 万円で同じなのに，このような差が生じています．このような例は世の中のギャンブルには必ず存在しており，平均 (期待値) だけではなく，分散も考慮しないと痛い目にあいます．

話を戻して，次に連続型確率変数の平均と分散を定義しましょう．

連続型確率変数 X の確率密度関数を $f(x)$ とするとき，

$$\mu = E(X) = \int_{-\infty}^{\infty} x f(x) dx$$

を連続型確率変数 X の**平均**といいます．また，

$$\sigma^2 = V(X) = \int_{-\infty}^{\infty} (x-\mu)^2 f(x) dx$$

を連続型確率変数 X の**分散**といいます．

例題 2.4 サイコロを 1 つ振る．出た目の数を X とおくと，X は離散型確率変数になる．X の平均と分散を求めよ．

■ 解 答 ■

$X = \{1, 2, 3, 4, 5, 6\}$, $P(X=x) = 1/6$ は明らか.

$$E(X) = \frac{1}{6} \cdot (1+2+3+4+5+6) = \frac{7}{2}$$

$$V(X) = \frac{1}{6} \cdot \left\{ \left(1-\frac{7}{2}\right)^2 + \left(2-\frac{7}{2}\right)^2 + \left(3-\frac{7}{2}\right)^2 \right.$$
$$\left. + \left(4-\frac{7}{2}\right)^2 + \left(5-\frac{7}{2}\right)^2 + \left(6-\frac{7}{2}\right)^2 \right\} = \frac{35}{12}$$

2.6　確率変数の変換

確率変数を変換したものも確率変数です．

今，離散型確率変数 $X = \{x_1, x_2, \cdots, x_n\}$ を考えます．各 x_i は数値なので，数値から数値への関数 g を使って，$\{g(x_1), g(x_1), \cdots, g(x_n)\}$ という数値の集合を考えることができます．この数値の集合を $g(X)$ で表現することにします．この $g(X)$ が離散型確率変数になることは明らかでしょう．なぜなら，X が離散型確率変数だったので，X の各要素 x_i には，確率 p_i が付与されており，$g(X)$ の各要素 $g(x_i)$ に対して，確率 p_i を付与すればよいのですから．

次に，確率密度関数が $f(x)$ であるような連続型確率変数 $X = \{x | x \in [a, b]\}$ の場合を考えてみます．X のとり得る値の範囲 $[a, b]$ から数値への関数 g を考えてみます．g のとり得る値は $g(X)$ と表せます．離散型と同様，この $g(X)$ も (連続型) 確率変数となるのですが，$g(X)$ の確率密度関数を導くには高校の範囲を超える微積の知識が必要です．ここでは結果だけを示しておきます．

> **定理 2.1**　連続型確率変数 X の確率密度関数が $f(x)$ であり，$g(x)$ を X から実数値への関数とする．このとき $g(X)$ は連続型確率変数となり，その確率密度関数 $h(y)$ は
> $$h(y) = f(x)\frac{dx}{dy}$$
> となる．ただし $y = g(x)$ である．

この定理からわかるように変換する関数 g は，その逆関数が微分可能でなければなりません．

変換の関数 g が与えられたときに，確率変数 $g(X)$ の平均 $E(g(X))$ は $g(X)$ の確率密度関数 $h(y)$ を求めなくても，X の確率密度関数 $f(x)$ を用いて以下のように計算できます．

$$E(g(X)) = \int y h(y) dy = \int g(x) f(x) \frac{dx}{dy} dy = \int g(x) f(x) dx$$

$E(g(X)) = \mu_y$ とおくと，$g(X)$ の分散も $h(y)$ を求めずに以下のように計算できます．

$$V(g(X)) = \int (y - \mu_y)^2 h(y) dy = \int (g(x) - \mu_y)^2 f(x) \frac{dx}{dy} dy$$

$$= \int (g(x) - \mu_y)^2 f(x) dx$$

まとめると，確率変数 X があったときに，数値から数値への関数 g を使って，新たに作られた数値の集合 $g(X)$ は確率変数になります．$g(X)$ は確率変数 X を変換して作られた確率変数です．g の形が具体的に与えられている場合は，$g(X)$ を具体的な形のまま表します．たとえば，$g(x) = 2x + 1$ ならば，$g(X)$ を $2X + 1$，$g(x) = x^2$ ならば，$g(X)$ を X^2 などと表します．

変換して作られた確率変数の平均，分散に関する以下の3つの重要な定理(定理 2.2，定理 2.3，定理 2.4)があります．

定理 2.2 確率変数 X に対して，以下の式が成立する．ただし，a, b はある実数とする．

$$E(aX + b) = aE(X) + b$$
$$V(aX + b) = a^2 V(X)$$

【証明】

X は確率密度関数が $f(x)$ の連続型確率変数とする．離散型の場合も，同様に証明できるので離散型の場合は省略する．

$$E(aX + b) = \int (ax + b) f(x) dx$$
$$= a \int x f(x) dx + b \int f(x) dx$$
$$= aE(X) + b$$

$$V(aX+b) = \int (ax+b - E(aX+b))^2 f(x)dx$$
$$= \int (ax+b - (aE(X)+b))^2 f(x)dx$$
$$= a^2 \int (x - E(X))^2 f(x)dx$$
$$= a^2 V(X)$$

注意すべき点は, $aX+b$ が確率変数であることと, 確率の定義から $\int f(x)dx = 1$ になることです.

例題 2.5 サイコロを 1 つ振り, 出た目の数から 1 を引いた数に 15 をかけた数を X とおく. X は確率変数になる. $E(X)$ と $V(X)$ を求めよ.

■ **解 答** ■

サイコロを 1 つ振り出た目の数を Y とおくと,
$$X = 15(Y-1) = 15Y - 15$$
$E(Y) = 7/2$, $E(Y) = 35/12$ なので (例題 2.4(p.25) で既に求めた),
$$E(X) = 15E(Y) - 15 = \frac{75}{2}$$
$$V(X) = 15^2 V(Y) = \frac{7875}{12} = \frac{2625}{4}$$

次に分散を計算する際に役立つ重要な公式を示します.

定理 2.3 (分散公式) 確率変数 X に対して, 以下の式が成立する.
$$V(X) = E(X^2) - (E(X))^2$$

【 証 明 】

X は確率密度関数が $f(x)$ の連続型確率変数とする. 離散型の場合も, 同様に証明できるので離散型の場合は省略する.

$$V(X) = \int (x - E(X))^2 f(x)dx$$
$$= \int (x^2 - 2xE(X) + (E(X))^2) f(x)dx$$
$$= \int x^2 f(x)dx - 2E(X) \int xf(x)dx + (E(X))^2 \int f(x)dx$$
$$= E(X^2) - 2E(X)E(X) + (E(X))^2$$
$$= E(X^2) - (E(X))^2$$

■

例題 2.6 サイコロを1つ振り,出た目の数を X とする.X は確率変数になる.$V(X)$ の値を分散公式を用いて求めよ.

■ 解 答 ■

$E(X) = 7/2$ は既に求めている.
$$E(X^2) = \frac{1}{6} \cdot (1^2 + 2^2 + 3^2 + 4^2 + 5^2 + 6^2) = \frac{91}{6}$$
分散公式より
$$V(X) = E(X^2) - (E(X))^2 = \frac{91}{6} - \frac{49}{4} = \frac{35}{12}$$

最後に,今後頻繁に使う標準化に関する定理 (詳しくは p.46) を示します.

定理 2.4 (標準化定理) 確率変数 X の平均を μ,標準偏差を σ とし,
$$Z = \frac{X - \mu}{\sigma}$$
を考える.このとき $E(Z) = 0$,$V(Z) = 1$ である.

【証 明】

X は確率密度関数が $f(x)$ の連続型確率変数とする.離散型の場合も,同様に証明できるので離散型の場合は省略する.

$$E(Z) = \int \frac{x-\mu}{\sigma} f(x)dx = \frac{1}{\sigma} \int x f(x)dx - \frac{\mu}{\sigma} \int f(x)dx$$
$$= \frac{1}{\sigma}\mu - \frac{\mu}{\sigma} = 0$$

これを利用すると，

$$V(Z) = \int \left(\frac{x-\mu}{\sigma} - E(Z)\right)^2 f(x)dx = \frac{1}{\sigma^2} \int (x-\mu)^2 f(x)dx$$
$$= \frac{1}{\sigma^2}\sigma^2 = 1$$

2.7 代表的な確率分布

統計学では確率変数を導入してさまざまな議論を行いますが，その際，その確率変数がどのような確率分布をもつかが重要なポイントとなります．ここでは代表的な確率分布を示します．

2.7.1 01分布

ある試行を行い，ある結果 A が生じるかどうかだけに注目します．注目する結果 A が起こったとき $X=1$ とし，起こらなかったとき $X=0$ とします．また，この注目する結果 A が起こる確率を p とします．このとき，X は離散型確率変数となります．

$$X = \{0, 1\}$$
$$P(X=1) = p, \quad P(X=0) = q$$

ただし，$q = 1-p,\ 0 \leq p \leq 1$ です．

この X の確率分布を **01分布** (Bernoulli distribution) と呼び，X は01分布に従うといいます．

また「確率変数 X が〇〇分布に従う」は

$$X \sim \text{〇〇分布}$$

と略記されます．

定理 2.5 $X \sim 01$ 分布 のとき, $E(X) = p$, $V(X) = pq$.

【証明】
$$E(X) = 1 \cdot p + 0 \cdot q = p$$
これを利用すると,
$$V(X) = (1-p)^2 \cdot p + (0-p)^2 \cdot q = q^2 \cdot p + p^2 \cdot q$$
$$= pq(q+p) = pq$$
■

2.7.2 2項分布

ある試行を行い, ある結果 A が生じるかどうかだけに注目します. また, A が起こる確率は p とします. この試行を n 回繰り返したとき, A が何回起こるかを考えます. X 回起こるとすれば, X は離散型確率変数になります.

X のとり得る値は, n 回の試行で A が一度も起こらない, つまり 0 から, n 回の各試行ですべて A が起こる, つまり n までの整数値になります.

$$X = \{0, 1, 2, \cdots, n\}$$

X の要素 x の確率には, n 回の試行で A が x 回起こる確率が対応します. つまり, 以下のようになります.

$$P(X = x) = {}_nC_x p^x q^{n-x} \tag{2.1}$$

以上より X は離散型確率変数になります. そして X の確率分布を **2項分布** (binomial distribution) と呼び, X は2項分布に従うといいます.

上記のとおり2項分布では, 何回試行するかの n と, 注目する結果 A の起こる確率 p が与えられて意味をもつので, 2項分布は $B(n, p)$ と略記されます.

先ほど, n 回の試行で A が x 回起こる確率は式 (2.1) であると述べましたが, これを簡単に説明しておきます.

仮に今, 1回の試行で A が起こった場合に, テーブルに赤玉を置き, 起こらなかった場合に白玉を置くことにします. n 回の試行が終わった後には, テーブルには n 個の玉が並んでいます. n 回の試行で A が x 回起こる確率は, n 個の玉が並んでいる中で, 赤玉がちょうど x 個ある確率と同じです. まず, 玉の

並べ方だけに注目して，n 個の玉のうち赤玉がちょうど x 個ある並び方の場合の数を考えます．これは n 個の中から x 個選ぶ場合の数なので ${}_nC_x$ です．次にこの ${}_nC_x$ 通りのそれぞれの並び方が起こる確率を考えます．この場合，それぞれの並び方は赤玉が x 個，白玉が $n-x$ 個の構成になっているので，それぞれの並び方の起こる確率はすべて $p^x q^{n-x}$ であることは確率の乗法定理から明らかです．よって，n 回の試行で A が x 回起こる確率は式 (2.1) であることが導けます．

次に，n 回の試行で A が x 回起こる確率が式 (2.1) であるならば，確率の性質より，

$$\sum_{x=0}^{n} P(X=x) = \sum_{x=0}^{n} {}_nC_x p^x q^{n-x} = 1 \tag{2.2}$$

がいえるはずです．この点を確かめておきます．

この証明には2項定理 (binomial theorem) を利用します．2項定理とは以下の定理であり，数学的帰納法を利用して，容易に証明できます．

定理 2.6 (2項定理)
$$(x+y)^n = \sum_{k=0}^{n} {}_nC_k x^k y^{n-k}$$

2項定理において，$x=p$，$y=q$ とおき，$p+q=1$ に注意すれば，式 (2.2) が導けます．

定理 2.7 $X \sim B(n,p)$ のとき，$E(X) = np$，$V(X) = npq$．

【証明】

$$E(X) = \sum_{x=0}^{n} x \, {}_nC_x p^x q^{n-x} = \sum_{x=0}^{n} x \frac{n!}{x!(n-x)!} p^x q^{n-x}$$

$$= \sum_{x=1}^{n} np \frac{(n-1)!}{(x-1)!(n-x)!} p^{x-1} q^{n-x}$$

$$= np \sum_{y=0}^{n-1} {}_{n-1}C_y p^y q^{n-1-y} \qquad (y = x-1)$$

$$= np(p+q)^{n-1} \qquad (\because 2\text{項定理})$$

$$= np$$

分散は分散公式を用いる.

$$V(X) = E(X^2) - (E(X))^2 = \sum_{x=0}^{n} x^2 {}_nC_x p^x q^{n-x} - (np)^2$$

$$= \sum_{x=0}^{n} (x(x-1) + x) {}_nC_x p^x q^{n-x} - (np)^2$$

$$= \sum_{x=0}^{n} x(x-1) {}_nC_x p^x q^{n-x} + \sum_{x=0}^{n} x \, {}_nC_x p^x q^{n-x} - (np)^2$$

$$= \sum_{x=0}^{n} x(x-1) {}_nC_x p^x q^{n-x} + np - (np)^2$$

右辺の第 1 項だけに注目すると,

$$(\text{第 1 項}) = \sum_{x=0}^{n} x(x-1) {}_nC_x p^x q^{n-x} = \sum_{x=0}^{n} x(x-1) \frac{n!}{x!(n-x)!} p^x q^{n-x}$$

$$= n(n-1)p^2 \sum_{x=2}^{n} \frac{(n-2)!}{(x-2)!(n-x)!} p^{x-2} q^{n-2-(x-2)}$$

$$= n(n-1)p^2 \sum_{y=0}^{n-2} \frac{(n-2)!}{y!(n-2-y)!} p^y q^{n-2-y} \qquad (y = x-2)$$

$$= n(n-1)p^2 (p+q)^{n-2} \qquad (\because 2\text{項定理})$$

$$= n(n-1)p^2$$

よって,

$$V(X) = n(n-1)p^2 + np - (np)^2 = -np^2 + np$$

$$= np(1-p) = npq$$

例題 2.7 ある試験問題は 4 問から構成され，各問題は 3 択である．つまり各問題は選択肢が 3 つあり，その中の 1 つだけが正解である．ある人はこの試験問題をランダムに答えたとする．各問題の配点を 25 点とし，この人が 50 点以上の点数を取る確率を求めよ．また，このようにランダムに答えた場合，平均的には何点取れるか．

■ 解 答 ■

この人が正解した問題の数を X とおくと $X \sim B(4, 1/3)$ である．50 点以上の点数を取る確率は $P(X \geq 2)$ である．

$$P(X \geq 2) = 1 - P(X < 2)$$
$$= 1 - (P(X = 0) + P(X = 1))$$
$$P(X = 0) = {}_4C_0 \cdot \left(\frac{1}{3}\right)^0 \cdot \left(\frac{2}{3}\right)^4 = \frac{16}{81}$$
$$P(X = 1) = {}_4C_1 \cdot \left(\frac{1}{3}\right)^1 \cdot \left(\frac{2}{3}\right)^3 = \frac{32}{81}$$

よって，
$$P(X \geq 2) = 1 - \left(\frac{16}{81} + \frac{32}{81}\right) = \frac{33}{81}$$

また平均的には，$25E(X)$ 点取れる．$E(X) = np = 4/3$ なので，
$$25E(X) = \frac{100}{3}$$

より，約 33 点取れる．

2.7.3 ポアソン分布

ある試行において，ある結果 A が起こるかどうかに着目します．この試行を n 回行い，A が X 回起こるとすれば，X は 2 項分布に従う確率変数になります．また，その平均は np です．これは前述しました．ここで平均 $np (= \mu)$ を固定し，$n \to \infty$，$p \to 0$ とします．このときに得られる極限の分布を**ポアソン分布** (poisson distribution) と呼び，$Po(\mu)$ で表します．

ポアソン分布に従う離散型確率変数 X のとり得る値は，

$$X = \{0, 1, 2, \cdots\}$$

であり,各要素に対応する確率は,

$$P(X = x) = e^{-\mu} \frac{\mu^x}{x!} \tag{2.3}$$

です.ただし,$\mu = E(X)$ です.

ここで2つの点を示す必要があります.1つは,式 (2.3) についてです.この式は,ポアソン分布の定義から,$P(X = x)$ は2項分布の確率の式

$$P(X = x) = {}_nC_x p^x q^{n-x}$$

において,$n \to \infty$,$p \to 0$ とした結果として求められるはずです.

$np = \mu$ より,p を消去すると,

$$\begin{aligned}
P(X = x) &= {}_nC_x \left(\frac{\mu}{n}\right)^x \left(1 - \frac{\mu}{n}\right)^{n-x} \\
&= \frac{n(n-1)\cdots(n-(x-1))}{x!} \left(\frac{\mu}{n}\right)^x \left(1 - \frac{\mu}{n}\right)^{n-x} \\
&= \frac{\mu^x}{x!} \cdot 1 \cdot \left(1 - \frac{1}{n}\right)\left(1 - \frac{2}{n}\right)\cdots\left(1 - \frac{x-1}{n}\right) \\
&\qquad \times \left\{\left(1 - \frac{\mu}{n}\right)^{-n/\mu}\right\}^{-\mu} \left(1 - \frac{\mu}{n}\right)^{-x}
\end{aligned}$$

ここで,$n \to \infty$ としたとき,$\frac{1}{n}, \frac{2}{n}, \cdots, \frac{x-1}{n}$,および,$\frac{\mu}{n}$ はすべて 0 に収束します.また,e の定義より,

$$\lim_{n \to \infty} \left(1 \pm \frac{1}{n}\right)^n = e^{\pm 1}$$

この式で n を $-\frac{n}{\mu}$ とおけば,

$$\lim_{n \to \infty} \left\{\left(1 - \frac{\mu}{n}\right)^{n/\mu}\right\}^{-1} = (e^{-1})^{-1} = e$$

なので,結局,

$$P(X = x) = e^{-\mu} \frac{\mu^x}{x!}$$

が導けます．

示すべきもう 1 点は，確率の性質から，
$$\sum_{x=0}^{\infty} P(X=x) = \sum_{x=0}^{\infty} e^{-\mu}\frac{\mu^x}{x!} = 1$$
が成り立つことです．この点を示すには，
$$\sum_{x=0}^{\infty} \frac{\mu^x}{x!} = e^{\mu}$$
を示すことに帰着します．

これは大学の教養数学で学ぶ，下記のテイラー展開 (Taylor expansion) を利用して示せます．

定理 2.8 (テイラー展開)
$$f(x) = f(b) + \frac{f'(b)}{1!}(x-b) + \frac{f''(b)}{2!}(x-b)^2 + \cdots + \frac{f^{(n)}(b)}{n!}(x-b)^n + \cdots$$

テイラー展開において，$f(x) = e^x$，$b = \mu$ と置けば，
$$e^x = e^{\mu} + \frac{e^{\mu}}{1!}(x-\mu) + \frac{e^{\mu}}{2!}(x-\mu)^2 + \cdots + \frac{e^{\mu}}{n!}(x-\mu)^n + \cdots$$
が成立します．ここで $x = 2\mu$ とおくと
$$e^{2\mu} = e^{\mu} + \frac{e^{\mu}}{1!}\mu + \frac{e^{\mu}}{2!}\mu^2 + \cdots + \frac{e^{\mu}}{n!}\mu^n + \cdots$$
$$= \sum_{x=0}^{\infty} \frac{e^{\mu}}{x!}\mu^x$$
両辺を e^{μ} で割ると，
$$e^{\mu} = \sum_{x=0}^{\infty} \frac{\mu^x}{x!} \tag{2.4}$$
が示せます．

次にポアソン分布の平均と分散を示します．

> **定理 2.9** $X \sim Po(\mu)$ のとき，$E(X) = \mu$，$V(X) = \mu$.

【証明】

$E(X) = \mu$ はポアソン分布の定義から明らかであるが，ここでは，平均の定義から示すことにする．

$$E(X) = \sum_{x=0}^{\infty} x e^{-\mu} \frac{\mu^x}{x!} = \mu \sum_{x=1}^{\infty} e^{-\mu} \frac{\mu^{x-1}}{(x-1)!}$$
$$= \mu$$

最後の変形は，先に示した式 (2.4) を用いた．分散は分散公式を利用する．

$$V(X) = E(X^2) - (E(X))^2 = \sum_{x=0}^{\infty} x^2 e^{-\mu} \frac{\mu^x}{x!} - \mu^2$$
$$= \sum_{x=0}^{\infty} x(x-1) e^{-\mu} \frac{\mu^x}{x!} + \sum_{x=0}^{\infty} x e^{-\mu} \frac{\mu^x}{x!} - \mu^2$$
$$= \mu^2 \sum_{x=2}^{\infty} e^{-\mu} \frac{\mu^{x-2}}{(x-2)!} + E(X) - \mu^2$$
$$= \mu^2 + \mu - \mu^2 = \mu$$

∎

確率変数は現実にはある試行の結果の集合 (標本空間) に対応します．01 分布や 2 項分布に従う確率変数は，対応する試行がどのようなものかは明らかです．しかしポアソン分布は，2 項分布の平均を一定にして，試行回数 n を無限に飛ばしたときに得られる分布なので，いってみれば，理屈上の分布であり，少し理解するのが難しくなっています．

簡単に述べておきます．ある試行において，ある結果 A が起こるかどうかに着目するとします．また A の起こる確率は非常に小さいとします．さらにこの試行は非常にたくさん繰り返されるとします．この場合，ある時間 T 内で平均的にある回数 μ だけ A が起こるとします．このような多数回行った試行において，時間 T の間に A の起こる回数を X とおくと，X はポアソン分布に従います．

例題 2.8 ある都市では1日平均して3件の交通事故がある.

(1) その都市の1日に起こる交通事故の件数を X とおくと, X は確率変数になる. $X \sim Po(3)$ として $P(X=x)$ を求めよ.
(2) $E(X)$ と $V(X)$ を求めよ.
(3) その都市で1日の交通事故が2件以下になる確率を求めよ.

■ 解 答 ■

(1) $X \sim Po(3)$ より, $P(X=x) = \dfrac{3^x}{x!} e^{-3}$.
(2) $E(X) = 3$, $V(X) = 3$.
(3) 求める確率は $P(X \leq 2) = P(X=0) + P(X=1) + P(X=2)$.

$$P(X=0) = \frac{3^0}{0!} e^{-3} = 0.050$$

$$P(X=1) = \frac{3^1}{1!} e^{-3} = 0.149$$

$$P(X=2) = \frac{3^2}{2!} e^{-3} = 0.224$$

以上より $P(X \leq 2) = 0.423$.

2.7.4 一様分布

連続型確率変数 X の区間が $[a,b]$ であり, X の確率密度関数 $f(x)$ が区間 $[a,b]$ において, 一定値 $\dfrac{1}{b-a}$ をとるとき, X の確率分布を**一様分布** (uniform distribution) と呼び, $U(a,b)$ で表します.

一様分布の場合, 確率密度関数 $f(x)$ は以下で与えられます.

$$f(x) = \frac{1}{b-a}$$

また, $f(x)$ のグラフは図 2.3 のようになります.

これが実際に確率密度関数になっている, すなわち

$$\int_a^b f(x)dx = 1$$

図 2.3 一様分布

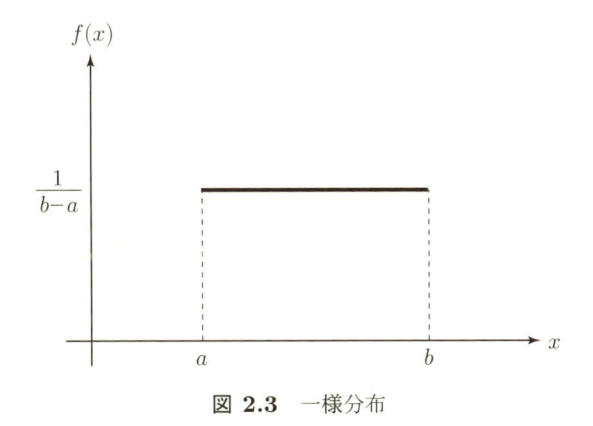

を満たすことは容易に確認できます.

一様分布の平均と分散を示しておきます.

定理 2.10 $X \sim U(a,b)$ のとき, $E(X) = \dfrac{a+b}{2}$, $V(X) = \dfrac{(a-b)^2}{12}$.

【証明】

$$E(X) = \int_a^b xf(x)dx = \frac{1}{b-a}\int_a^b xdx = \frac{1}{b-a}\left[\frac{x^2}{2}\right]_a^b = \frac{a+b}{2}$$

$$V(X) = E(X^2) - (E(X))^2$$

$$= \frac{1}{b-a}\int_a^b x^2 dx - \left(\frac{a+b}{2}\right)^2 = \frac{1}{b-a}\left[\frac{x^3}{3}\right]_a^b - \left(\frac{a+b}{2}\right)^2$$

$$= \frac{a^2+ab+b^2}{3} - \left(\frac{a+b}{2}\right)^2 = \frac{(a-b)^2}{12}$$

∎

例題 2.9 文字盤の時計を見たときに,秒針が 12 を指している位置からどれくらいの角度進んでいるかを X とおく.X は 0 (°) から 360 (°) の値をとる一様分布の連続型確率変数となる.$E(X)$ と $V(X)$ を求めよ.

■ 解 答 ■

$X \sim U(0, 360)$ なので,$E(X) = \dfrac{0+360}{2} = 180$,$V(X) = \dfrac{(0-360)^2}{12} = 10800$.

2.7.5 指数分布

連続型確率変数 X の区間が $(0, \infty)$ であり,X の確率密度関数 $f(x)$ が以下の式で表せるとき,X の確率分布を**指数分布** (exponential distribution) と呼び,$E_X(\lambda)$ で表します.

$$f(x) = \lambda e^{-\lambda x} \qquad (ただし,\lambda > 0)$$

また,$f(x)$ のグラフは図 2.4 のようになります.

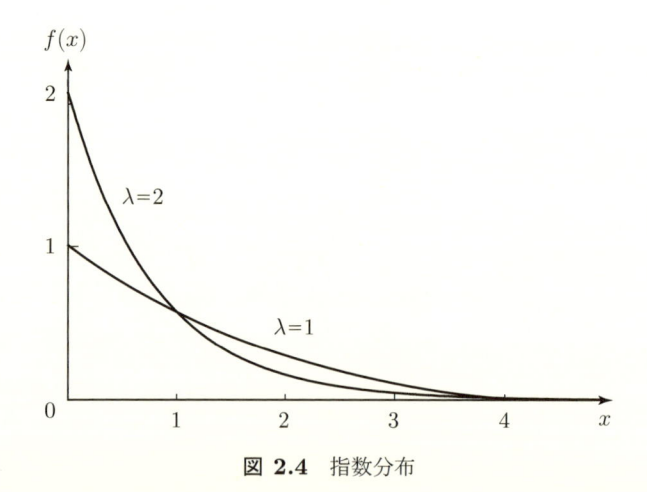

図 2.4 指数分布

上記の $f(x)$ が確率密度関数になっていること,つまり,$\displaystyle\int_0^\infty f(x)dx = 1$ を以下に示します.

$$\int_0^\infty f(x)dx = \int_0^\infty \lambda e^{-\lambda x} dx = \left[-e^{-\lambda x}\right]_0^\infty = -0 + 1 = 1$$

また,指数分布の平均と分散を示しておきます.

定理 2.11 $X \sim E_X(\lambda)$ のとき，$E(X) = \dfrac{1}{\lambda}$，$V(X) = \dfrac{1}{\lambda^2}$.

【証明】
$$E(X) = \int_0^\infty x f(x) dx = \int_0^\infty x \lambda e^{-\lambda x} dx$$
$$= \frac{1}{\lambda} \int_0^\infty y e^{-y} dy \qquad (y = \lambda x)$$

より，$E(X) = \dfrac{1}{\lambda}$ を示すには，

$$\int_0^\infty y e^{-y} dy = 1$$

を示せばよい．

$$(y e^{-y})' = e^{-y} - y e^{-y}$$

なので，移項して，

$$y e^{-y} = e^{-y} - (y e^{-y})'$$

両辺を 0 から ∞ まで積分し，

$$\int_0^\infty y e^{-y} dy = \int_0^\infty e^{-y} dy - \left[y e^{-y} \right]_0^\infty$$
$$= \left[-e^{-y} \right]_0^\infty - (0 - 0)$$
$$= (0 - (-1)) = 1$$

$$V(X) = E(X^2) - (E(X))^2$$
$$= \int_0^\infty x^2 \lambda e^{-\lambda x} dx - \left(\frac{1}{\lambda}\right)^2$$
$$= \left(\frac{1}{\lambda}\right)^2 \int_0^\infty y^2 e^{-y} dy - \left(\frac{1}{\lambda}\right)^2 \qquad (y = \lambda x)$$

いま，

$$(y^2 e^{-y})' = 2y e^{-y} - y^2 e^{-y}$$

なので，移項して，

$$y^2 e^{-y} = 2y e^{-y} - (y^2 e^{-y})'$$

両辺を 0 から ∞ まで積分し,

$$\int_0^\infty y^2 e^{-y} dy = 2\int_0^\infty y e^{-y} dy - [y^2 e^{-y}]_0^\infty$$
$$= 2 - (0-0) = 2$$

よって,

$$V(X) = \left(\frac{1}{\lambda}\right)^2 \int_0^\infty y^2 e^{-y} dy - \left(\frac{1}{\lambda}\right)^2$$
$$= 2\left(\frac{1}{\lambda}\right)^2 - \left(\frac{1}{\lambda}\right)^2 = \frac{1}{\lambda^2}$$

∎

ある個体の今後の生存時間 (寿命) X が,現在までの存続時間と関係ないような場合に,X の分布は指数分布に従うことがわかっています.

例題 2.10 ある店では,お客が帰ってから次の客が来るまでの時間 X(分) が指数分布に従っている.また平均的に X は 1 (分) であるとする.

(1) X の確率密度関数を示せ.
(2) $E(X)$ と $V(X)$ を求めよ.
(3) 次の客が来るまでの時間が 1 分以上 2 分以下となる確率を求めよ.

■ 解 答 ■

(1) $X \sim E_X(1)$ なので $f(x) = e^{-x}$
(2) $E(X) = 1,\ V(X) = 1.$
(3) $P(1 \leq X \leq 2) = \int_1^2 e^{-x} dx = [-e^{-x}]_1^2$
$$= -\frac{1}{e^2} + \frac{1}{e} = -0.135 + 0.368 = 0.233$$

2.7.6 正規分布

連続型確率変数 X の区間が $(-\infty, \infty)$ であり，X の確率密度関数 $f(x)$ が

$$f(x) = \frac{1}{\sqrt{2\pi\sigma^2}} \exp\left\{-\frac{(x-\mu)^2}{2\sigma^2}\right\} \tag{2.5}$$

で表せるとき，X の確率分布を**正規分布** (normal distribution) と呼び，$N(\mu, \sigma^2)$ で表します．$f(x)$ は $\mu = 0$ のとき図 2.5 のようになります．

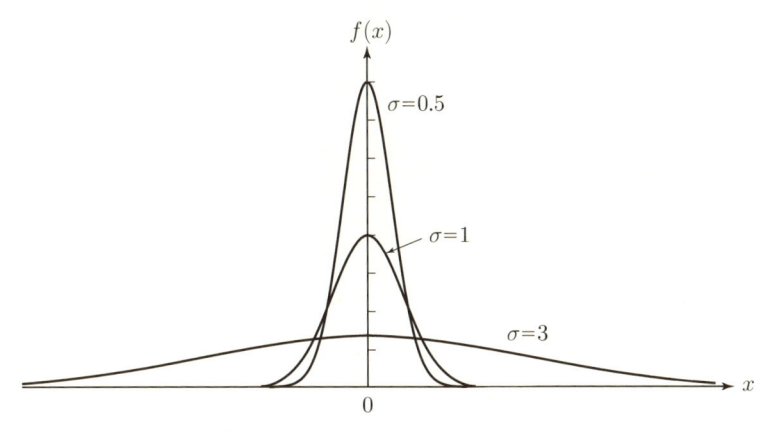

図 2.5 正規分布

上記の $f(x)$ が確率密度関数になっていること，つまり，

$$\int_{-\infty}^{\infty} f(x)dx = \int_{-\infty}^{\infty} \frac{1}{\sqrt{2\pi\sigma^2}} \exp\left\{-\frac{(x-\mu)^2}{2\sigma^2}\right\} dx = 1$$

を示してみます．$t = \dfrac{x-\mu}{\sqrt{2}\sigma}$ とおくと，$dt = \dfrac{1}{\sqrt{2}\sigma}dx$ なので，

$$\int_{-\infty}^{\infty} f(x)dx = \int_{-\infty}^{\infty} \frac{1}{\sqrt{2\pi\sigma^2}} e^{-t^2} \sqrt{2}\sigma dt = \frac{1}{\sqrt{\pi}} \int_{-\infty}^{\infty} e^{-t^2} dt = 1$$

最後の変形には，以下の式を利用しました．

$$\int_0^{\infty} e^{-t^2} dt = \frac{\sqrt{\pi}}{2}$$

この式の証明は大学の教養数学の範囲も超えていますので，証明は省きますが，

統計学ではよく使う公式なので，定理としてまとめておきます．

> **定理 2.12**
> $$\int_0^\infty e^{-x^2} dx = \frac{\sqrt{\pi}}{2}$$

確率変数 X が $N(\mu, \sigma^2)$ に従うとき，その平均と分散は μ と σ^2 であることは定義からいえます．ただし，これは平均と分散の定義からも導くことができます．

$$\begin{aligned}
E(X) &= \int_{-\infty}^{\infty} x f(x) dx \\
&= \frac{1}{\sqrt{2\pi\sigma^2}} \int_{-\infty}^{\infty} x \exp\left\{-\frac{(x-\mu)^2}{2\sigma^2}\right\} dx \\
&= \frac{1}{\sqrt{2\pi\sigma^2}} \int_{-\infty}^{\infty} (\sqrt{2}\sigma t + \mu) e^{-t^2} \sqrt{2}\sigma dt \\
&= \frac{1}{\sqrt{\pi}} \int_{-\infty}^{\infty} (\sqrt{2}\sigma t + \mu) e^{-t^2} dt \\
&= \frac{\sqrt{2}\sigma}{\sqrt{\pi}} \int_{-\infty}^{\infty} t e^{-t^2} dt + \frac{\mu}{\sqrt{\pi}} \int_{-\infty}^{\infty} e^{-t^2} dt \\
&= \frac{\sqrt{2}\sigma}{\sqrt{\pi}} \left[-\frac{e^{-t^2}}{2}\right]_{-\infty}^{\infty} + \frac{\mu}{\sqrt{\pi}} \sqrt{\pi} \quad (\because \text{定理 2.12}) \\
&= 0 + \mu = \mu
\end{aligned}$$

上記の式の変形には $t = \dfrac{x-\mu}{\sqrt{2}\sigma}$ の変数変換を行いました．

分散の方は，今，平均が μ であることを示せたので，以下のように求まります．

$$\begin{aligned}
V(X) &= \int_{-\infty}^{\infty} (x-\mu)^2 f(x) dx \\
&= \frac{1}{\sqrt{2\pi\sigma^2}} \int_{-\infty}^{\infty} (x-\mu)^2 \exp\left\{-\frac{(x-\mu)^2}{2\sigma^2}\right\} dx
\end{aligned}$$

$$= \frac{1}{\sqrt{2\pi\sigma^2}} \int_{-\infty}^{\infty} 2\sigma^2 t^2 e^{-t^2} \sqrt{2}\sigma dt$$

$$= \frac{2\sigma^2}{\sqrt{\pi}} \frac{\sqrt{\pi}}{2} = \sigma^2$$

例題 2.11 平均が 1, 分散が 1 の正規分布の確率密度関数を書け.

■ 解 答 ■
式 (2.5) で $\mu = 1$, $\sigma^2 = 1$ とおいて,
$$f(x) = \frac{1}{\sqrt{2\pi}} \exp\left\{-\frac{(x-1)^2}{2}\right\}$$

2.8 正規分布についての重要事項

　初等統計学において最も重要な分布は正規分布です．なぜでしょうか．統計学の目的は予測することだと述べました．ある数値の集合 X からいくつか標本を取り，それらの標本から X の様子を予測します．ここで X に何も条件がついてない場合, X からどのような数値が取り出されたとしても, X 全体がどのような様子になっているか，わかるはずはありません．予測するには X についてなんらかの情報を知っている必要があります．そして初等統計学においては, X の分布が正規分布であると仮定することがよくあります．これは決してイカサマではありません．現実の試行の結果は正規分布となることが多いのです．
　ここでは今後の学習で必要となる正規分布にまつわる重要事項をまとめて解説します．

2.8.1 標準正規分布

　正規分布の中でも，特に平均が 0 , 分散が 1 のものを**標準正規分布** (standard normal distribution) と呼びます．
　確率変数 X が $N(\mu, \sigma^2)$ に従うとき,

$$Z = \frac{X - \mu}{\sigma}$$

を考えます．このとき，確率変数 Z の分布は標準正規分布になります．このように正規分布の確率変数 X から標準正規分布の確率変数 Z を作ることを**正規化**あるいは**標準化**といいます．

Z の平均と分散が 0 と 1 になるのは標準化定理より明らかですが，Z は正規分布になるのでしょうか．これは定理 2.1 (p.26) を使って，Z の密度関数を求めることで示せます．まず，$x = \sigma z + \mu$ なので，$\dfrac{dx}{dz} = \sigma$ です．よって定理 2.1 から Z の確率密度関数 $g(z)$ は

$$\begin{aligned} g(z) &= \sigma f(\sigma z + \mu) \\ &= \sigma \frac{1}{\sqrt{2\pi\sigma^2}} \exp\left(-\frac{x^2}{2}\right) \\ &= \frac{1}{\sqrt{2\pi}} \exp\left(-\frac{x^2}{2}\right) \end{aligned}$$

なので，$Z \sim N(0, 1)$ が示せます．

同様の手順を用いて以下の定理が示せます．証明は省きます．

> **定理 2.13** 確率変数 X が正規分布に従うとき，確率変数 $aX + b$ も正規分布に従う．

例題 2.12 X が $N(1, 1)$ に従うとき，$2X + 1$ は $N(3, 4)$ に従うことを示せ．

■ 解 答 ■

定理 2.13 より，$2X + 1$ は正規分布に従う．また

$$E(2X + 1) = 2E(X) + 1 = 3$$
$$V(2X + 1) = 4V(X) = 4$$

より，$2X + 1 \sim N(3, 4)$．

2.8.2 確率の算出

確率変数 X が $N(\mu, \sigma^2)$ に従うとき，確率 $P(a \leq X \leq b)$ の求め方を述べます．$P(a \leq X \leq b)$ の意味は X が $[a, b]$ の範囲内の値をとる確率です．連続型確率変数の定義から，X の密度関数を用いて，以下の式の値を計算すれば求まります．

$$P(a \leq X \leq b) = \int_a^b \frac{1}{\sqrt{2\pi\sigma^2}} \exp\left\{-\frac{(x-\mu)^2}{2\sigma^2}\right\} dx \qquad (2.6)$$

たとえば $\mu < a < b$ の場合，上記の確率は，図 2.6 の網がけ部分の面積に相当します．

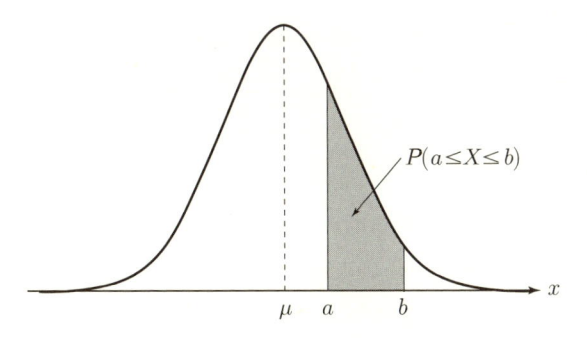

図 **2.6** 正規分布の確率

ただし，式 (2.6) の右辺を解析的に計算することはできないことが知られています．そのため，通常の方法では確率 $P(a \leq X \leq b)$ を求めることができません．求めるためには少しテクニカルなことを行います．まず X を以下の Z により標準化します．

$$Z = \frac{X - \mu}{\sigma}$$

すると，$X = \sigma Z + \mu$ が成立しているので，以下の関係があります．

$$P(a \leq X \leq b) = P(a \leq \sigma Z + \mu \leq b)$$
$$= P\left(\frac{a-\mu}{\sigma} \leq Z \leq \frac{b-\mu}{\sigma}\right)$$

ここで，$a' = \dfrac{a-\mu}{\sigma}$，$b' = \dfrac{b-\mu}{\sigma}$ とすると，確率 $P(a \leq X \leq b)$ 求めること

は，確率 $P(a' \leq Z \leq b')$ を求めることに帰着します．Z は標準正規分布に従うので，以下の式が成立します．

$$P(a' \leq Z \leq b') = \int_{a'}^{b'} \frac{1}{\sqrt{2\pi}} \exp\left(-\frac{x^2}{2}\right) dx$$

$$= \int_{0}^{b'} \frac{1}{\sqrt{2\pi}} \exp\left(-\frac{x^2}{2}\right) dx - \int_{0}^{a'} \frac{1}{\sqrt{2\pi}} \exp\left(-\frac{x^2}{2}\right) dx$$

ここで，以下のような関数を定義します．

$$K(t) = \int_{0}^{t} \frac{1}{\sqrt{2\pi}} \exp\left(-\frac{x^2}{2}\right) dx$$

このとき，以下の式が成立します．

$$P(a' \leq Z \leq b') = K(b') - K(a')$$

結局，確率 $P(a \leq X \leq b)$ の値は，関数 $K(t)$ の値を求めることができれば求まることがわかります．

しかし，関数 $K(t)$ の値も解析的には求まりません．ではどうするのでしょうか．非常に原始的な方法にみえますが，この解決には表を使います．つまり，t の値がこれこれのとき，$K(t)$ の値はこれこれという，t と $K(t)$ の関係を記した表をあらかじめ作っておくのです．この表を参照して，関数 $K(t)$ の値を求めるのです．この表は**標準正規分布表**と呼ばれており，統計学の教科書では必ず

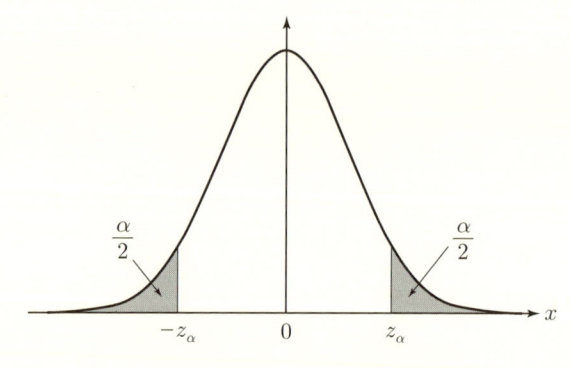

図 2.7 z_α の定義

2.8 正規分布についての重要事項　　49

付表としてついています．このテキストにも付表として，標準正規分布表を載せています．

また慣習的に，$P(|Z| \geq a) = \alpha$ を満たす a は，z_α と表記されます．

$$P(|Z| \geq z_\alpha) = \alpha$$

つまり，α と z_α には図 2.7 で示される関係があります．

例題 2.13　ある県で中学 1 年生に数学のテストを行ったところ，得点の分布はほぼ $N(60, 10^2)$ に従っていた．80 点以上の点を取った学生は全体のほぼ何 % にあたるか．

■ 解 答 ■

この数学のテストの得点を集めた集合を X とおく．題意より $X \sim N(60, 10^2)$ である．また求める割合は $P(X \geq 80)$ と見なせる．

$$Z = \frac{X - 60}{10}$$

とおくと，$Z \sim N(0, 1)$ なので，

$$P(X \geq 80) = P(10Z + 60 \geq 80)$$
$$= P(Z \geq 2)$$
$$= 0.5 - P(0 < Z < 2)$$

標準正規分布表より，$P(0 < Z < 2) = 0.4772$．以上より，求める割合は 0.0228 つまり約 2.3 % である．

この例題には注意が必要です．「数学のテストの得点を集めた集合」は数値の集合であり，確率変数と見なせます．数学の点は，0 点から 100 点までの離散的な数値をとるので，この確率変数は離散型確率変数です．ただし離散型確率変数のまま扱うと，個々の確率を求める必要が生じ，扱いが難しくなってしまいます．このために，思い切って凸凹の分布を正規分布に近似したという話です．

世の中の実際の数値の集合は離散型です．ただしそのままだと扱いが面倒なので，それを連続型で近似することはよく行われます．

2.9　多次元の確率変数

この節ではまず，2次元の確率変数について説明します．3次元以上の次元への拡張は，2次元の場合から容易に類推できます．

2つの確率変数 X と Y があるとき，それらを組にした以下のような集合を考えます．

$$(X, Y) = \{(x, y) \mid x \in X, y \in Y\}$$

この組，(X, Y) が **2次元の確率変数** です．通常，X と Y は同じ型の確率変数です．つまり，X と Y はともに離散型確率変数か，あるいはともに連続型確率変数です．異なる場合も考えられますが，ここでは扱いません．

2.9.1　同時分布と周辺分布

まず，X と Y がともに離散型確率変数のケースを考えます．

X のとり得る値を $x_1, x_2, \cdots, x_m$，Y のとり得る値を $y_1, y_2, \cdots, y_n$ とします．ここで2次元の確率変数 (X, Y) を考えます．(X, Y) が (x_i, y_j) の値をとる確率を $P(X = x_i, Y = y_j)$ と表記することにします．これを (X, Y) の **同時分布** (joint distribution) と呼びます．

このとき次の性質が成り立ちます．

$$P(X = x_i) = \sum_{j=1}^{n} P(X = x_i, Y = y_j)$$

$$P(Y = y_j) = \sum_{i=1}^{m} P(X = x_i, Y = y_j)$$

$P(X = x_i)$ や $P(Y = y_j)$ は同時分布に対して **周辺分布** (marginal distribution) と呼ばれます．

同時分布と周辺分布について以下の関係が成立している場合に，確率変数 X と Y は **独立** (independent) といいます．

$$P(X = x_i, Y = y_j) = P(X = x_i)P(Y = y_j)$$
$$(i = 1, 2, \cdots, m\,;\, j = 1, 2, \cdots, n)$$

X と Y が独立でないときは**従属** (dependent) といいます.

以上は X と Y がともに離散型確率変数である場合でした. 次に X と Y がともに連続型確率変数である場合を示します.

X のとり得る値の範囲を $[-\infty, \infty]$, Y のとり得る値を $[-\infty, \infty]$ とします. ここで 2 次元の確率変数 (X, Y) を考えます. (X, Y) が, xy 平面上の 4 角形である $a \leq X \leq b, c \leq Y \leq d$ の範囲に入る確率を, $P(a \leq X \leq b, c \leq Y \leq d)$ と表記することにします. この値が積分の形

$$\int_c^d \int_a^b f(x,y) dx dy$$

で書けるとき, 関数 $f(x,y)$ を**同時確率密度関数** (joint probability density function) といいます. この関数は以下の性質をもちます.

$$f(x,y) \geq 0$$

$$\int_{-\infty}^{\infty} \int_{-\infty}^{\infty} f(x,y) dx dy = 1$$

また, X の確率密度関数 $f_x(x)$ と $f(x,y)$ には以下の関係があります.

$$f_x(x) = \int_{-\infty}^{\infty} f(x,y) dy$$

同様に Y の確率密度関数 $f_y(y)$ と $f(x,y)$ には以下の関係があります.

$$f_y(y) = \int_{-\infty}^{\infty} f(x,y) dx$$

X や Y の確率密度関数は, 同時確率密度関数に対して**周辺確率密度関数** (marginal probability density function) とも呼ばれます.

また以下の関係が成立しているとき, X と Y は**独立**といいます.

$$f(x,y) = f_x(x) f_y(y)$$

X と Y が独立でないときは**従属**といいます.

例題 2.14 2 つのサイコロを振り, 偶数の目が出たサイコロの個数を X とし, 4 以上の目が出たサイコロの個数を Y とする.

52　第 2 章　確率変数と確率分布

(1) X のとり得る値とその確率を求めよ．

(2) Y のとり得る値とその確率を求めよ．

(3) (X,Y) のとり得る値とその確率を求めよ．

(4) X と Y は独立かどうかを調べよ．

■ 解　答 ■

(1) $X = \{0, 1, 2\}$. また $P(X=0) = 1/4$, $P(X=1) = 1/2$, $P(X=2) = 1/4$.

(2) $Y = \{0, 1, 2\}$. また $P(Y=0) = 1/4$, $P(Y=1) = 1/2$, $P(Y=2) = 1/4$.

(3) 第 1 のサイコロの目 a を縦軸，第 2 のサイコロの目を横軸 b にとった表を作り，表の各要素 (a,b) には (a,b) に対応する (X,Y) の値を埋める．

	1	2	3	4	5	6
1	(0,0)	(1,0)	(0,0)	(1,1)	(0,1)	(1,1)
2	(1,0)	(2,0)	(1,0)	(2,1)	(1,1)	(2,1)
3	(0,0)	(1,0)	(0,0)	(1,1)	(0,1)	(1,1)
4	(1,1)	(2,1)	(1,1)	(2,2)	(1,2)	(2,2)
5	(0,1)	(1,1)	(0,1)	(1,2)	(0,2)	(1,2)
6	(1,1)	(2,1)	(1,1)	(2,2)	(1,2)	(2,2)

この表をもとに (X,Y) のとり得る値とその確率は以下のようになる．

$(X,Y) = \{(0,0), (1,0), (2,0), (0,1), (1,1), (2,1), (0,2), (1,2), (2,2)\}$

$$P(X=0, Y=0) = 4/36 = 1/9$$

$$P(X=1, Y=0) = 4/36 = 1/9$$

$$P(X=2, Y=0) = 1/36$$

$$P(X=0, Y=1) = 4/36 = 1/9$$

$$P(X=1, Y=1) = 10/36 = 5/18$$

$$P(X=2, Y=1) = 4/36 = 1/9$$

$$P(X=0, Y=2) = 1/36$$

$$P(X=1, Y=2) = 4/36 = 1/9$$

$$P(X=2, Y=2) = 4/36 = 1/9$$

(4) (3) より $P(X=0, Y=0) = 1/9$. しかし, (1) より
$$P(X=0)P(Y=0) = \frac{1}{4} \cdot \frac{1}{4} = \frac{1}{16}$$
よって, X と Y は独立ではない.

2.9.2　多項分布

多次元の確率変数の代表的な分布として多項分布があります.

ある試行の結果は m 種類あるとします. 各結果を i $(i=1,\cdots,m)$ で表し, i の起こる確率を p_i で表すことにします. 次に, この試行を n 回行った場合に, 結果 i が生じた回数を X_i とおきます. すると X_i は確率変数になります. このとき確率変数の組 $(X_1, X_2, \cdots, X_{m-1})$ を考えると, これは $m-1$ 次元の確率変数になります. この確率変数の従う分布を**多項分布** (multinomial distribution) といいます. m 次元の確率変数ではないことに注意して下さい. というのは, 以下の関係式があるので, $(X_1, X_2, \cdots, X_{m-1})$ が与えられると X_m の値が確定されるからです.

$$X_1 + X_2 + \cdots + X_m = n$$

なお, $m=2$ の場合は 2 項分布になります.

多項分布の同時確率は以下のようになります.

$$P(X_1 = x_1, X_2 = x_2, \cdots, X_m = x_m) = \frac{n!}{x_1! x_2! \cdots x_m!} \prod_{i=1}^{m} p_i^{x_i}$$

同時確率が上記の形になるのは, 番号 i の書かれた玉が x_i 個あり, 合計の玉数は n 個という状況で, この n 個の玉の並べ方が $\dfrac{n!}{x_1! x_2! \cdots x_m!}$ 通りとなり, 各並べ方の生じる確率は $\prod_{i=1}^{m} p_i^{x_i}$ であることから導けます. また同時確率の総和が 1 になることは, 以下の多項定理を用いることで示せます.

$$(p_1 + p_2 + \cdots + p_m)^n = \sum_{x_1, x_2, \cdots, x_{m-1}} \frac{n!}{x_1! x_2! \cdots x_m!} \prod_{i=1}^{m} p_i^{x_i}$$

例題 2.15 あるクジで1等を引く確率は 0.1 であり，2等を引く確率は 0.2 とする．残りはハズレとする．このクジを6本引く．このとき，1等が1本，2等が2本，ハズレが3本となる確率を求めよ．

■ 解 答 ■

6本中1等を引いた本数を X_1，2等を引いた本数を X_2，ハズレを引いた本数を X_3 とおく．多項分布の同時確率の式から，

$$P(X_1 = a, X_2 = b, X_3 = c) = \frac{6!}{a!b!c!}(0.1)^a(0.2)^b(0.7)^c$$

が成立するので，$a=1, b=2, c=3$ を代入して，

$$P(X_1 = 1, X_2 = 2, X_3 = 3) = \frac{6!}{1!2!3!}(0.1)^1(0.2)^2(0.7)^3$$
$$= 60 \cdot 0.1 \cdot 0.04 \cdot 0.343$$
$$= 0.08232$$

2.9.3 共分散

$g(x,y)$ は実数値へのある2変数関数とします．X と Y が確率変数で，$g(X,Y)$ を考えたとき，$g(X,Y)$ 自体は1次元の確率変数になります．

今，$E(X) = \mu_x$，$E(Y) = \mu_y$ とするとき，$g(X,Y)$ を以下のように定義します．

$$g(X,Y) = (X - \mu_x)(Y - \mu_y)$$

このとき $g(X,Y)$ の平均 $E(g(X,Y))$ を X と Y の**共分散** (covariance) と呼び，$\mathrm{Cov}(X,Y)$ で表します．つまり，X と Y が離散型確率変数の場合，

$$\mathrm{Cov}(X,Y) = \sum_{i=1}^{m}\sum_{j=1}^{n}(x_i - \mu_x)(y_j - \mu_y)P(X=x_i, Y=y_j)$$

であり，X と Y が連続型確率変数の場合，

$$\mathrm{Cov}(X,Y) = \int_{-\infty}^{\infty}\int_{-\infty}^{\infty}(x - \mu_x)(y - \mu_y)f(x,y)dxdy$$

となります．

例題 2.16 例題 2.14 (p.51) において $\mathrm{Cov}(X,Y)$ を求めよ．

■ 解 答 ■

$$E(X) = 0 \cdot 1/4 + 1 \cdot 1/2 + 2 \cdot 1/4 = 1$$
$$E(Y) = 0 \cdot 1/4 + 1 \cdot 1/2 + 2 \cdot 1/4 = 1$$

$$\begin{aligned}
\mathrm{Cov}(X,Y) &= (0-1)(0-1)P(X=0,Y=0) + (1-1)(0-1)P(X=1,Y=0) \\
&\quad + (2-1)(0-1)P(X=2,Y=0) + (0-1)(1-1)P(X=0,Y=1) \\
&\quad + (1-1)(1-1)P(X=1,Y=1) + (2-1)(1-1)P(X=2,Y=1) \\
&\quad + (0-1)(2-1)P(X=0,Y=2) + (1-1)(2-1)P(X=1,Y=2) \\
&\quad + (2-1)(2-1)P(X=2,Y=2) \\
&= \frac{1}{9} + 0 - \frac{1}{36} + 0 + 0 + 0 - \frac{1}{36} + 0 + \frac{1}{9} = \frac{1}{6}
\end{aligned}$$

2.9.4　2つの確率変数に対する重要定理

X と Y が確率変数のとき，$g(X,Y)$ として，

$$g(X,Y) = X + Y$$

あるいは，

$$g(X,Y) = XY$$

とおいた場合の $g(X,Y)$ の平均や分散は，今後の議論で必要になってくるので，ここでまとめておきます．

定理 2.14　$E(X) = \mu_x$，$E(Y) = \mu_y$ のとき，
$$E(XY) = \mu_x \mu_y + \mathrm{Cov}(X,Y)$$

【 証 明 】
X と Y が連続型の場合のみ示す．離散型の場合も同様に示せる．

$$\mathrm{Cov}(X,Y) = \iint (x-\mu_x)(y-\mu_y)f(x,y)dxdy$$
$$= \iint xyf(x,y)dxdy - \mu_y\int x\int f(x,y)dydx$$
$$\quad - \mu_x\int y\int f(x,y)dxdy + \mu_x\mu_y\iint f(x,y)dxdy$$
$$= E(XY) - \mu_y\int xf_x(x)dx - \mu_x\int yf_y(y)dy + \mu_x\mu_y$$
$$= E(XY) - \mu_y\mu_x - \mu_x\mu_y + \mu_x\mu_y$$
$$= E(XY) - \mu_x\mu_y$$

以上より,$E(XY) = \mu_x\mu_y + \mathrm{Cov}(X,Y)$. ■

上の定理を利用すると共分散に関しての次の重要な定理が導けます.

定理 2.15 X と Y が独立のとき,$\mathrm{Cov}(X,Y) = 0$.

【証明】

X と Y が連続型の場合のみ示す.離散型の場合も同様に示せる.

$$E(XY) = \iint xyf(x,y)dxdy$$
$$= \iint xyf_x(x)f_y(y)dxdy \qquad (\because X,Y \text{ は独立})$$
$$= \int xf_x(x)dx \int yf_y(y)dy$$
$$= \mu_x\mu_y$$

$E(XY) = \mu_x\mu_y + \mathrm{Cov}(X,Y)$ より,$\mathrm{Cov}(X,Y) = 0$. ■

この定理の逆はいえないことに注意して下さい.つまり $\mathrm{Cov}(X,Y) = 0$ だからといって,X と Y が独立であるとはいえません.

定理 2.16
$$E(X+Y) = E(X) + E(Y) = \mu_x + \mu_y$$

2.9 多次元の確率変数

【証明】

X と Y が連続型の場合のみ示す．離散型の場合も同様に示せる．

$$
\begin{aligned}
E(X+Y) &= \iint (x+y)f(x,y)dxdy \\
&= \int x \int f(x,y)dydx + \int y \int f(x,y)dxdy \\
&= \int x f_x(x)dx + \int y f_y(y)dy \\
&= E(X) + E(Y)
\end{aligned}
$$
∎

この定理は X と Y が独立ではなくても成立することに注意して下さい．

定理 2.17
$$V(X+Y) = V(X) + V(Y) + 2\mathrm{Cov}(X,Y)$$

【証明】

X と Y が連続型の場合のみ示す．離散型の場合も同様に示せる．
$E(X+Y) = \mu_x + \mu_y$ なので，

$$
\begin{aligned}
V(X+Y) &= E((X+Y-\mu_x-\mu_y)^2) \\
&= E((X-\mu_x)^2 + 2(X-\mu_x)(Y-\mu_y) + (Y-\mu_y)^2) \\
&= E((X-\mu_x)^2) + 2E((X-\mu_x)(Y-\mu_y)) + E((Y-\mu_y)^2) \\
&= V(X) + 2\mathrm{Cov}(X,Y) + V(Y)
\end{aligned}
$$
∎

定理 2.18 X, Y が独立のとき，
$$V(X+Y) = V(X) + V(Y)$$

【証明】

定理 2.17 より，$V(X+Y) = V(X) + V(X) + 2\mathrm{Cov}(X,Y)$ であり，X と Y が独立のとき $\mathrm{Cov}(X,Y) = 0$ なので明らか． ∎

ここまでは X と Y が一般の確率変数でしたが，特に X と Y が独立で，と

もに正規分布に従う場合，$X+Y$ が正規分布になるという性質はとても重要です．しかしこの証明には**畳み込み** (convolution) という微積のテクニックが必要になり，これも大学の教養の数学のレベルを超えてしまいます．ここでは結果だけを定理として示しておきます．

> **定理 2.19** X と Y が独立で，ともに正規分布に従うとき，$X+Y$ も正規分布に従う．

◆◆ 第2章のまとめ ◆◆

本章では確率変数と確率分布の基礎事項を学びました．

☐ **確率変数**

確率変数とは，現実的には，ある試行によって起こり得るすべての結果の集合の各要素に数値を割り当て，その数値をとり得る変数のことです．とり得る値を集めた数値の集合とも見なせます．数値に確率が関連付けられている点が通常の変数と異なります．

☐ **離散型確率変数と連続型確率変数**

確率変数の値が離散的な値をとるのか連続的な値をとるのかで，確率変数は離散型確率変数と連続型確率変数の2つに分類できます．

☐ **確率変数の平均と分散**

確率変数を特徴付ける値として平均と分散があります．どちらもデータに対する平均や分散を一般化したものです．

☐ **確率変数の変換**

確率変数を変換したものも確率変数です．

☐ **確率分布**

確率変数は変数のとり得る値を集めた数値の集合と見なせます．この集合と確率との対応関係が確率分布です．

☐ **代表的な確率分布**

離散型確率変数として，01分布，2項分布，ポアソン分布を，連続型確率変数として，一様分布，指数分布，正規分布を学習しました．特に正規分布は重要です．

□ **多次元の確率変数**

複数の確率変数を組にして考えたものが，多次元の確率変数です．多次元の確率変数の分布の例として多項分布を取り上げました．また2つの確率変数に対して，その和や積からなる確率変数の性質は重要です．

練習問題 2

2.1 確率変数 X は 1, 2, 3, 4, 5 の値のいずれかをとり，$P(X = x) = ax$ と表せるとする．このとき a の値を求めよ．また，$E(X)$，$V(X)$ を求めよ．

2.2 あるゲームをやって勝つと 10 円もらえ，負けると 10 円払う．勝つ確率を p とする．このゲームを 1 回行って，得た金額を X とおく．X の確率分布を示せ．

2.3 連続型確率変数 X の確率密度関数が以下で表せるとき，
$$f(x) = axe^{-x} \quad (x \geq 0)$$
a の値を求めよ．また，$E(X)$，$V(X)$ を求めよ．

2.4 コインを 3 枚投げ，(表になった枚数) × 1 万円もらえるというゲームを考える．このゲームにより得られる賞金を X 万円とおく．X は離散型確率変数になる．X の平均と分散を求めよ．

2.5 サイコロを 1 個振る．出た目を 2 で割ったときの余りを X，4 で割ったときの余りを Y とする．たとえば，5 の目が出たとき，$X = 1$，$Y = 1$ である．

(1) $E(X)$ と $V(X)$ を求めよ．

(2) $E(Y)$ と $V(Y)$ を求めよ．

(3) $Z = X + Y$ とおくと，Z は確率変数になる．Z の平均 $E(Z)$ を求めよ．

2.6 サイコロを振って出た目の数に 20 円を乗じた金額がもらえるというゲームがある．このゲームを行うためには，70 円払わなくてはならない．

(1) サイコロの出た目を X とすると X は確率変数になる．$E(X)$ と $V(X)$ を求めよ．

(2) このゲームを 1 回行って得た収支 (得た金額 − ゲーム代金) を Y 円とすると，Y は確率変数になる．Y は X を用いてどのように表現できるかを示せ．

(3) $E(Y)$ と $V(Y)$ を求めよ．

2.7 サイコロを振り，出た目の数を X とおくとき，$Y = (X-2)^2$ の確率分布を求めよ．また，$E(Y)$, $V(Y)$ を求めよ．

2.8 あるクジの当たる確率は p で一定である．

(1) このクジを 5 回引き，5 回のうち当たりを引いた回数を X とおく．X は確率変数になる．X の分布を示せ．

(2) $E(X)$ と $V(X)$ を求めよ．

(3) 今，このクジで当たりが出たら 20 円もらえる．ハズレがでたら 10 円払う $(-10$ 円もらえる$)$ とする．このクジを 5 回引いて，もらえる合計の金額を Y とおくと Y は確率変数になる．Y と X の関係を示せ．

(4) $E(Y)$ と $V(Y)$ を求めよ．

2.9 数直線上の原点から出発し，サイコロを投げて 4 以下の目が出たら右に 1 だけ進み，5 あるいは 6 が出たら左に 1 だけ進む．

(1) サイコロを 4 回投げた後，原点にいる確率を求めよ．

(2) サイコロを n 回投げて，4 以下の目が出た回数を X とおく．サイコロを n 回投げた後の位置は n と X を用いてどのように表せるか示せ．

(3) $E(X)$ と $V(X)$ を求めよ．

(4) サイコロを n 回投げた後に，平均して，どの位置にいるかを示せ．

2.10 ある物差しは 1 ミリ単位で長さを測ることができる．しかし実際に測定した長さには誤差がある．その誤差を X ミリ とする．このとき X は一様分布に従う確率変数となる．

(1) X のとり得る範囲を示せ．

(2) $E(X)$ と $V(X)$ を求めよ．

2.11 X が $U(0,1)$ に従うとき $Y = X^2 + 1$ の確率密度関数を求めよ．

2.12 偏差値とはテストの得点 X を $N(50, 10^2)$ に従うように変換したものである．偏差値 40 以下の人は全体の何％を占めるか．

2.13 $X \sim N(-1, 2^2)$ とする．

(1) $P(-2 \leq X \leq 1)$ を求めよ.

(2) $P(a \leq X) = 0.7123$ となるような a の値を求めよ.

(3) $P(X \leq b) = 0.7123$ となるような b の値を求めよ.

2.14 2 次元確率変数 (X, Y) の同時確率密度関数が以下の式で表されるとする.
$$f(x, y) = a(2x + y) \quad (0 \leq x \leq 1,\ 0 \leq y \leq 1)$$

(1) a を求めよ.

(2) X の周辺分布を求めよ.

(3) Y の周辺分布を求めよ.

(4) $E(X)$ を求めよ.

(5) $E(Y)$ を求めよ.

(6) X と Y の共分散を求めよ.

2.15 X と Y は独立な確率変数とする. 今, $E(X) = \mu_x$, $E(Y) = \mu_y$, $V(X) = \sigma_x^2$, $V(Y) = \sigma_y^2$ が成立しているとする. 以下の値を μ_x, μ_y, σ_x, σ_y を用いて表せ.

(1) $E(X - 2Y + 1)$

(2) $V(X - 2Y + 1)$

(3) $E(XY + X)$

(4) $V(XY + X)$

2.16 袋の中に赤玉と白玉と青玉が無数に入っている. それぞれの玉の割合は 0.3, 0.2, 0.5 とする. この袋からランダムに 8 個の玉を取り出す. 以下の問いに答えよ.

(1) 赤玉 2 個, 白玉 2 個, 青玉 4 個となるように取り出される確率を求めよ.

(2) 青玉が 4 個取り出される確率を 2 項分布の確率の式から求めよ.

(3) 多項分布の周辺分布を求めることで, 青玉が 4 個取り出される確率を求めよ.

第3章
統計量と確率変数

　統計学は，ある無限の集合からいくつかの要素を取り出し，そこからもとの集合の特徴を予測する学問です．

　これまでの章では，そのための道具である確率変数と確率分布について述べてきました．特に正規分布については詳しく解説しました．この章では，もう一歩進めて，予測の対象となるもとの無限の集合，そこから取り出した要素，そして確率変数の3つの関係について学びます．さらに取り出した要素から作られる予測のための統計量と確率変数との関係も学びます．

3.1　母集団と確率変数

　ある調査したい対象の数値データの集合を**母集団** (population)，母集団からランダムに取り出した要素のことを**標本** (sample)，そして母集団からランダムに標本を取り出すことを**標本抽出** (sampling) といいます．標本を取り出すときにはランダムでないことも考えられますが，統計学ではランダムな抽出以外は扱いません．

　標本を取り出した後に，その標本を母集団に戻す場合と戻さない場合が考えられます．戻す場合は，1回目の標本抽出の結果と2回目の標本抽出の結果は独立ですが，戻さない場合は，1回目の標本抽出の結果は，2回目の標本抽出の結果に影響を与えるので，議論が複雑になりそうです．しかし，戻す，戻さないに気を使う必要はありません．戻さないと考えても，1回目の標本抽出の結果と2回目の標本抽出の結果は独立と考えてもよいからです．なぜ独立と考えてもよいかといえば，母集団の要素数が無限（あるいは無限と見なせるほど大きい数）だからです．無限の集合から1つ要素を取り出しても，もとの集合は

3.1 母集団と確率変数

無限であり，入っている数値の割合に影響がないからです．では，母集団の要素数が無限ではなく，少数であった場合は，どうなるのでしょうか．その場合は，統計処理を行う必要がなくなります．母集団が少数の要素しかもたなければ，それらを全部見れば母集団の様子はわかります．結局，統計学で扱う母集団の要素数は無限と見なしてかまわないことになります．

母集団と標本の例を示します．たとえば，テレビのある番組の視聴率を調査したいとします．単純には日本全国各家庭を訪問し，その番組を見ているか見ていないかを聞いて，見ていた家庭の数を全国の家庭の数で割れば視聴率がわかります．しかしこの実験は現実的には不可能です．日本全国各家庭を訪問することなどできるはずはありません．統計学はこのような場面で利用されます．この場合，各家庭でその番組を見ていれば 1 を，見ていなければ 0 を付けて，日本全国各家庭の 1 か 0 の結果を集めた集合を考えます．これを母集団 X と考えます．視聴率は母集団 X の中の 1 の割合 p であることはすぐわかると思います．p を予想するために，統計学では母集団から標本を取ります．この場合取り出された標本は 1 か 0 ですが，その 1 か 0 はある家庭が問題の番組を見ているかどうかの結果に対応しています．つまり，この場合，母集団から標本をとるとは，適当な家庭を選んで[*1]，その家庭で問題の番組を見ているかどうかを聞くことに対応しています．

母集団に関する最も重要な点は，「母集団は確率変数と見なせる」ということです．これは，先に数値データの集合が確率変数になることを説明しましたが (p.24 参照)，その際の議論がそのまま当てはまります．つまり母集団の要素である数値の種類が有限個あるいは可算無限個の場合には，その数値の種類を集合としてもつ離散型確率変数 X を対応させます．この場合，$P(X = x)$ の値は，数値 x が母集団に占める割合に対応します．また母集団の要素である数値の種類が，ある実数の区間であるような場合には，その実数の区間を数値の集合としてもつ連続型確率変数 X を対応させます．この場合，$P(X \leq x)$ の値は，母集団の要素のうち x 以下の実数の割合に対応します．

先ほど出したテレビ番組の視聴率の例でも，母集団 X は確率変数と見なせます．なぜなら，X の中には 1 と 0 の数値しか入っておらず，1 の割合が p なの

[*1] 標本なのでランダムに選ばないといけません．

で, $X = \{1, 0\}$, $P(X = 1) = p$ と考えればよいからです．この場合, X の分布は 01 分布に従っています．

「母集団は確率変数と見なせる」ので,「母集団 X」という表現があった場合, この X は母集団に対する確率変数のことです．母集団は確率変数なので, その平均や分散が存在します．母集団の平均を**母平均**, 母集団の分散を**母分散**と呼びます．

例題 3.1 0, 1, 2 の数値が無数に入った袋がある. 0 の割合は 1/2, 1 の割合は 1/3, 2 の割合は 1/6 とする．この袋の中にある数値の集合 X を母集団と考える．X は確率変数と見なせることを示し, $E(X)$ と $V(X)$ を求めよ.

■ **解答** ■

$X = \{0, 1, 2\}$, $P(X = 0) = 1/2$, $P(X = 1) = 1/3$, $P(X = 2) = 1/6$ と考えることで X は確率変数と見なせる．

$$E(X) = 0 \cdot \frac{1}{2} + 1 \cdot \frac{1}{3} + 2 \cdot \frac{1}{6} = \frac{2}{3}$$

$$\begin{aligned}V(X) &= \left(0 - \frac{2}{3}\right)^2 \cdot \frac{1}{2} + \left(1 - \frac{2}{3}\right)^2 \cdot \frac{1}{3} + \left(2 - \frac{2}{3}\right)^2 \cdot \frac{1}{6} \\ &= \frac{4}{9} \cdot \frac{1}{2} + \frac{1}{9} \cdot \frac{1}{3} + \frac{16}{9} \cdot \frac{1}{6} \\ &= \frac{2}{9} + \frac{1}{27} + \frac{8}{27} = \frac{5}{9}\end{aligned}$$

3.2 標本と確率変数

今, 母集団 X からランダムに 1 つの要素を取り出すことを考えます．とりあえず, X は離散型確率変数とします．母集団は数値の集合なので, 取り出した要素 (標本) も数値です．ここで, この標本のとり得る値 Y を考えてみると, これは当然, 母集団に入っている数値です．母集団 X に入っている数値の種類が $\{1, 2, 3, 4, 5\}$ であれば, 標本のとり得る値 Y も $\{1, 2, 3, 4, 5\}$ のいずれかです．

では, 取り出した標本が 2 である確率はどの程度でしょうか．これは母集団の中で 2 の占める割合です．もしも母集団の半分が 2 であれば, 取り出した標

本が 2 である確率は 1/2 です．つまり $P(Y=2) = 1/2$ です．またこの 1/2 という値は，母集団に対する確率変数 X において，$P(X=2)$ という確率でもあります．つまり，母集団 X が離散型確率変数である場合，そこから取り出した標本 Y も母集団と同じ確率分布をもつ離散型確率変数になることがわかります．また母集団 X が連続型確率変数であっても，離散型確率変数と同様の議論から，母集団 X から取り出した標本も母集団と同じ確率分布をもつ連続型確率変数になることがわかります．

まとめておきます．母集団は確率変数 X と見なせます．<u>母集団から取り出した標本も，確率変数 X と同じ確率分布をもつ確率変数と見なせます．</u> i 番目に取り出した標本の実際の値は小文字で x_i と表記します．x_i を確率変数と見なすときには，大文字にして X_i と表記します．

また重要な点ですが，<u>各 X_i は独立</u>です．これは明らかです．母集団からいくつかの要素を取り出した後でも，母集団の要素の分布は変化しないので，次に取り出す要素は，今まで取り出した要素と無関係だからです．

3.3 統計量と標本分布

母集団 X から n 個の標本を取り出し，それぞれの標本に対応する確率変数を $X_1, X_2, X_3, \cdots, X_n$ とします．今，$X_1, X_2, X_3, \cdots, X_n$ を合成する関数を T とおき，$T(X_1, X_2, X_3, \cdots, X_n)$ なるものを考えます．現実に標本抽出を行った場合には，標本 X_i は具体的な値をもつことになるので，$T(X_1, X_2, X_3, \cdots, X_n)$ も具体的な値をもちます．この具体的な値の集合は数値の集合なので確率変数と見なせます．つまり $T(X_1, X_2, X_3, \cdots, X_n)$ は確率変数です．この確率変数のことを**統計量** (statistics) と呼びます．統計量は確率変数なので，確率分布をもちます．この確率分布のことを**標本分布** (sampling distribution) と呼びます．標本分布は母集団 X の確率分布や関数 T に依存し，一般には複雑な式で表現されます．ここでは確率分布のことはとりあえず考えないで，統計量 $T(X_1, X_2, X_3, \cdots, X_n)$ が確率変数になることだけを押さえておきます．

次に 3 つの重要な統計量を示します．1 つは**標本平均** (sample mean) と呼ばれる統計量であり，以下で定義されます．標本平均は以後 $\bar{X}$ で表すことにしま

す．また $\bar{X}$ の具体的な値を $\bar{x}$ で表すことにします．

$$\bar{X} = \frac{1}{n}\sum_{i=1}^{n} X_i$$

2つ目は**標本分散** (sample variance) と呼ばれる統計量であり，以下で定義されます．標本分散は以後 S^2 で表すことにします．また S^2 の具体的な値を s^2 で表すことにします．

$$S^2 = \frac{1}{n}\sum_{i=1}^{n} (X_i - \bar{X})^2$$

3つ目は，標本分散と類似している統計量で**不偏標本分散** (unbiased sample variance) と呼ばれる統計量であり，以下で定義されます．不偏標本分散は以後 U^2 で表すことにします．また U^2 の具体的な値を u^2 で表すことにします[*1]．

$$U^2 = \frac{1}{n-1}\sum_{i=1}^{n} (X_i - \bar{X})^2$$

例題 3.2 母集団 X が 01 分布に従うとする．また $P(X=1)=p$ とする．このとき X から取り出した3つの標本を X_1, X_2, X_3 とする．$Y = 2X_1 - X_2 - X_3$ とおくとき，統計量 Y の確率分布を求めよ．

■ 解 答 ■

X_1, X_2, X_3 のとり得る値とその同時確率および，そのときの Y の値は次ページ上の表にまとめられる．この表を参照することにより，$Y = \{-2, -1, 0, 1, 2\}$，

$$P(Y = -2) = p^2 q = p^2(1-p)$$
$$P(Y = -1) = 2pq^2 = 2p(1-p)^2$$
$$P(Y = 0) = p^3 + q^3 = p^3 + (1-p)^3$$
$$P(Y = 1) = 2p^2 q = 2p^2(1-p)$$
$$P(Y = 2) = pq^2 = p(1-p)^2$$

[*1] 数値データに対する分散は，多くの場合，不偏標本分散で計算されます．そのため数値データに対する分散の定義を，ここで述べた不偏標本分散にしているテキストがあります．本書では区別しているので注意して下さい．

X_1	X_2	X_3	同時確率	Y
0	0	0	q^3	0
0	0	1	$p \cdot q^2$	-1
0	1	0	$p \cdot q^2$	-1
0	1	1	$p^2 \cdot q$	-2
1	0	0	$p \cdot q^2$	2
1	0	1	$p^2 \cdot q$	1
1	1	0	$p^2 \cdot q$	1
1	1	1	p^3	0

3.4 標本平均

統計量として最も頻繁に利用されるのが標本平均です．ここでは標本平均に関するいくつかの重要な定理を示します．

> **定理 3.1** 母集団 X の平均が μ，分散が σ^2 のとき，X から得られる標本平均 $\bar{X}$ について，以下の式が成り立つ．ただし，n は標本の個数とする．
> $$E(\bar{X}) = \mu, \quad V(\bar{X}) = \frac{\sigma^2}{n}$$

【証明】

$$E(\bar{X}) = E\left(\frac{1}{n}\sum_{i=1}^n X_i\right) = \frac{1}{n}E\left(\sum_{i=1}^n X_i\right) \quad (\because 定理\ 2.2\ (\text{p.27}))$$

$$= \frac{1}{n}\sum_{i=1}^n E(X_i) \quad (\because 定理\ 2.16\ (\text{p.56}))$$

$$= \frac{1}{n}\sum_{i=1}^n \mu \quad (\because 各\ X_i\ は\ X\ と同じ分布)$$

$$= \mu$$

$$V(\bar{X}) = V\left(\frac{1}{n}\sum_{i=1}^{n} X_i\right) = \frac{1}{n^2} V\left(\sum_{i=1}^{n} X_i\right) \quad (\because 定理 2.2 \text{ (p.27)})$$

$$= \frac{1}{n^2} \sum_{i=1}^{n} V(X_i) \quad (\because 各 X_i は独立および定理 2.18 \text{ (p.57)})$$

$$= \frac{1}{n^2} \sum_{i=1}^{n} \sigma^2 \quad (\because 各 X_i は X と同じ分布)$$

$$= \frac{\sigma^2}{n}$$

∎

この定理の述べている意味は以下のとおりです.まず n 個の標本を取り出し,標本平均の値を求める.次にまた n 個の標本を取り出し,標本平均の値を求める.これを何度も繰り返すとき,得られた標本平均の値の平均は母平均に非常に近いということです.これは直感的にも明らかです.また,得られた標本平均の値の分散は母分散の $1/n$ になります(図 3.1 参照).

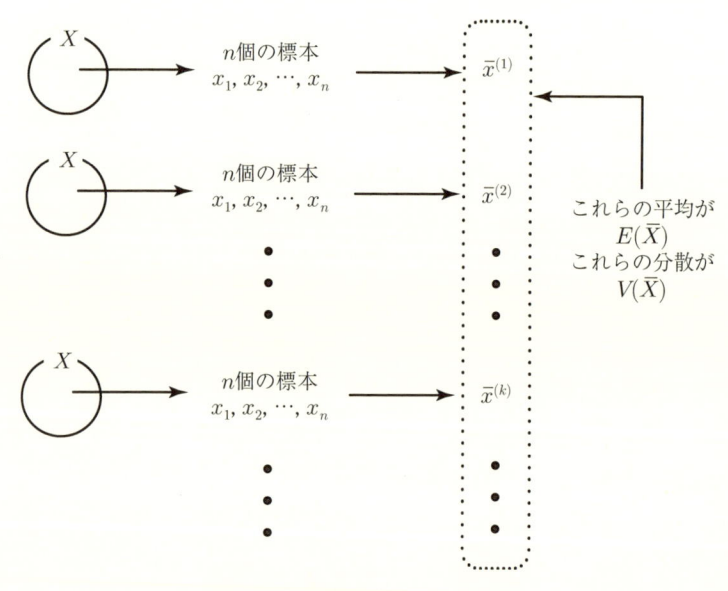

図 3.1 標本平均の平均と分散

例題 3.3 $V(X) = \sigma^2$ とする. $E(S^2)$ と $E(U^2)$ を σ^2 で表せ.

■ 解 答 ■

$E(X) = \mu$ とする.

$$S^2 = \frac{1}{n}\sum_{i=1}^{n}(X_i - \bar{X})^2 = \frac{1}{n}\sum_{i=1}^{n}(X_i - \mu + \mu - \bar{X})^2$$
$$= \frac{1}{n}\sum_{i=1}^{n}\{(X_i - \mu)^2 + 2(X_i - \mu)(\mu - \bar{X}) + (\mu - \bar{X})^2\}$$

よって,

$$E(S^2) = \frac{1}{n}\sum_{i=1}^{n}E((X_i - \mu)^2 + 2(X_i - \mu)(\mu - \bar{X}) + (\mu - \bar{X})^2)$$
$$= \frac{1}{n}\sum_{i=1}^{n}\left\{E((X_i - \mu)^2) + 2E((X_i - \mu)(\mu - \bar{X})) + E((\mu - \bar{X})^2)\right\}$$

定理 3.1 より $E(\bar{X}) = \mu$. また, X_i は X と同じ分布なので, $E(X_i) = \mu$, $V(X_i) = \sigma^2$. よって, 分散の定義より,

$$E((X_i - \mu)^2) = V(X_i) = \sigma^2$$

また

$$E((\bar{X} - \mu)^2) = V(\bar{X}) = \frac{\sigma^2}{n}$$

以上より,

$$E(S^2) = \sigma^2 + \frac{2}{n}\sum_{i=1}^{n}E((X_i - \mu)(\mu - \bar{X})) + \frac{\sigma^2}{n}$$

$$(X_i - \mu)(\mu - \bar{X}) = \frac{1}{n}(X_i - \mu)(n\mu - (X_1 + X_2 + \cdots + X_n))$$
$$= \frac{1}{n}(X_i - \mu)((\mu - X_1) + (\mu - X_2) + \cdots + (\mu - X_n))$$

$i \neq j$ のとき, X_i と X_j は独立なので,

$$E((X_i - \mu)(\mu - X_j)) = E(X_i - \mu) \cdot E(\mu - X_j) = 0$$

$i = j$ のとき,

$$E((X_i - \mu)(\mu - X_j)) = -E((X_i - \mu)^2) = -V(X) = -\sigma^2$$

よって,

$$E(S^2) = \sigma^2 - \frac{2}{n}\sum_{i=1}^{n}\frac{1}{n}\sigma^2 + \frac{\sigma^2}{n}$$
$$= \sigma^2 - \frac{2}{n}\sigma^2 + \frac{\sigma^2}{n} = \frac{n-1}{n}\sigma^2$$

$U^2 = \dfrac{n}{n-1}S^2$ なので,

$$E(U^2) = \frac{n}{n-1}E(S^2) = \frac{n}{n-1}\cdot\frac{n-1}{n}\sigma^2 = \sigma^2$$

標本の数を非常に大きくした場合,標本平均と母平均との関係はどうなっているでしょうか.これについては次の**大数の法則** (law of large numbers) が成り立ちます.

定理 3.2 (大数の法則) 母集団 X の平均を μ, 分散を σ^2 とする. ε と δ を, $\varepsilon > 0$, $0 < \delta < 1$ を満たす任意の数とする.このとき, $n > \dfrac{\sigma^2}{\varepsilon^2\delta}$ ならば以下の式が成立する.

$$P(|\bar{X} - \mu| < \varepsilon) \geq 1 - \delta$$

この定理をもう少しわかりやすく表現すると以下のようになります.

$$\lim_{n\to\infty} P(|\bar{X} - \mu| < \varepsilon) = 1$$

これは n が十分大きいときに,標本平均 $\bar{X}$ が母平均 μ に等しい確率が十分 1 に近いということを意味しています.もっと端的にいえば,標本数を多く取れば,そこから得られる標本平均の値は母平均と非常に近いということです.これも直感的に明らかですが,驚くべきことに,数学的に証明できるのです.

証明には以下の**チェビシェフの不等式** (Chebyshev's inequality) が必要となります.

3.4 標本平均

> **定理 3.3 (チェビシェフの不等式)** 確率変数 X に対して, $E(X) = \mu$, $V(X) = \sigma^2$ とする. 任意の $a > 0$ に対して, 以下の不等式が成立する.
> $$P(|X - \mu| \geq a\sigma) \leq \frac{1}{a^2}$$

【証明】

X を連続型確率変数とし, その確率密度関数を $f(x)$ とする. X が離散型確率変数の場合も同様に証明できる.

$$\sigma^2 = \int (x-\mu)^2 f(x) dx$$
$$= \int_{-\infty}^{\mu-a\sigma} (x-\mu)^2 f(x) dx + \int_{\mu-a\sigma}^{\mu+a\sigma} (x-\mu)^2 f(x) dx$$
$$+ \int_{\mu+a\sigma}^{\infty} (x-\mu)^2 f(x) dx$$
$$\geq \int_{-\infty}^{\mu-a\sigma} (x-\mu)^2 f(x) dx + \int_{\mu+a\sigma}^{\infty} (x-\mu)^2 f(x) dx$$

ここで $X \leq \mu - a\sigma$, あるいは, $X \geq \mu + a\sigma$ の範囲では, $(X-\mu)^2 \geq a^2\sigma^2$ であるので,

$$\int_{-\infty}^{\mu-a\sigma} (x-\mu)^2 f(x) dx \geq \int_{-\infty}^{\mu-a\sigma} a^2\sigma^2 f(x) dx$$
$$\int_{\mu+a\sigma}^{\infty} (x-\mu)^2 f(x) dx \geq \int_{\mu+a\sigma}^{\infty} a^2\sigma^2 f(x) dx$$

が成立する. よって,

$$\sigma^2 \geq \int_{-\infty}^{\mu-a\sigma} a^2\sigma^2 f(x) dx + \int_{\mu+a\sigma}^{\infty} a^2\sigma^2 f(x) dx$$
$$= a^2\sigma^2 \left\{ \int_{-\infty}^{\mu-a\sigma} f(x) dx + \int_{\mu+a\sigma}^{\infty} f(x) dx \right\}$$
$$= a^2\sigma^2 \left\{ P(X \leq \mu - a\sigma) + P(X \geq \mu + a\sigma) \right\}$$

$$= a^2\sigma^2 \{P(X - \mu \leq -a\sigma) + P(X - \mu \geq a\sigma)\}$$
$$= a^2\sigma^2 P(|X - \mu| \geq a\sigma)$$

両辺を $a^2\sigma^2$ で割って，

$$P(|X - \mu| \geq a\sigma) \leq \frac{1}{a^2}$$

を得る． ∎

次にチェビシェフの不等式を用いて，大数の法則を証明します．

【 定理 3.2 の証明 】

X が連続型確率変数とし，その確率密度関数を $f(x)$ とする．X が離散型確率変数の場合も同様に証明できる．

まず，$E(\bar{X}) = \mu$，$V(\bar{X}) = \sigma^2/n$ なので，チェビシェフの不等式から，

$$P\left(|\bar{X} - \mu| \geq a\frac{\sigma}{\sqrt{n}}\right) \leq \frac{1}{a^2}$$

がいえる．余事象を考えて以下が得られる．

$$P\left(|\bar{X} - \mu| \leq a\frac{\sigma}{\sqrt{n}}\right) \geq 1 - \frac{1}{a^2}$$

今，a として $1/a^2 = \delta$ を満たす値，すなわち $a = 1/\sqrt{\delta}$ にとると，

$$P\left(|\bar{X} - \mu| \geq a\frac{\sigma}{\sqrt{n}}\right) \leq 1 - \delta$$

となる．また，$a\frac{\sigma}{\sqrt{n}} \leq \varepsilon$ ならば，すなわち $n \geq \frac{\sigma^2}{a^2\varepsilon^2} = \frac{\sigma^2}{\varepsilon^2\delta}$ ならば，

$$P(|\bar{X} - \mu| \geq \varepsilon) \leq P\left(|\bar{X} - \mu| \geq a\frac{\sigma}{\sqrt{n}}\right) \leq 1 - \delta$$

となる． ∎

標本平均は統計量，つまり確率変数ですので，確率分布をもちます．この確率分布について以下の定理は重要です．

3.4 標本平均

定理 3.4 母集団が正規分布に従うとき，そこから得られる標本平均 $\bar{X}$ も正規分布に従う．

【証明】

正規分布の一次変換 $aX + b$ も正規分布に従うので，

$$X_1 + X_2 + \cdots + X_n$$

が正規分布に従うことを示せばよい．これは各 X_i が互いに独立であることに注意して，$X_1 + X_2$ が正規分布であることを示せば，数学的帰納法により示せる．独立な正規分布の和が正規分布になるのは，定理 2.19 (p.58) から示される． ■

上記の定理には「母集団が正規分布に従う」という条件が付いていましたが，どんな母集団であっても，標本数を大きくしていけば標本平均 $\bar{X}$ の従う分布は正規分布に近づくことが次の**中心極限定理** (central limit theorem) により示すことができます．証明は本書のレベルを超えるので省略します．

定理 3.5 (中心極限定理) 母集団 X から得られる標本平均 $\bar{X}$ の分布は，標本の大きさ n を十分大きくとれば，正規分布に近似できる．

中心極限定理を利用すると，2項分布と正規分布の関係を述べた以下の定理を示すことができます．

定理 3.6 2項分布 $B(n, p)$ は，n が十分大きいとき，$N(np, np(1-p))$ の正規分布に近似できる．

【証明】

X を $P(X=1) = p$ の 01 分布に従う確率変数とする．このとき $E(X) = p$，$V(X) = p(1-p)$ である．X から十分大きな n 個の標本を取ったとき，中心極限定理より $\bar{X}$ は正規分布に従う．

一方，以下の確率変数 Y を考える．

$$Y = X_1 + X_2 + \cdots + X_n$$

このとき Y はその意味から明らかに $B(n,p)$ に従う．さらに $\bar{X} = Y/n$ の関係があるので，Y/n が正規分布に従い，結果として，Y も正規分布に従う．2項分布の平均，分散の公式より $E(Y) = np$, $V(Y) = np(1-p)$ なので，Y は $N(np, np(1-p))$ に従う． ∎

X が $B(n,p)$ に従い，かつ，n が十分大きいとき，$P(a \leq X \leq b)$ の値を求めるには膨大な計算が必要になります．ところが，定理 3.6 を使うと，X が $N(np, np(1-p))$ に近似できるので，これを標準化して，

$$Z = \frac{X - np}{\sqrt{np(1-p)}} \sim N(0,1)$$

$$P(a \leq X \leq b) = P\left(\frac{a - np}{\sqrt{np(1-p)}} \leq Z \leq \frac{b - np}{\sqrt{np(1-p)}}\right)$$

と変形すれば，標準正規分布表から $P(a \leq X \leq b)$ の値を求めることができます．

しかし，この近似は少し粗いため，実際は少し補正を行うこともあります．その場合，**半目盛補正**という手法が用いられます．半目盛補正では $P(a \leq X \leq b)$ を以下のように近似します．

$$P(a \leq X \leq b) = P\left(\frac{a - 0.5 - np}{\sqrt{np(1-p)}} \leq Z \leq \frac{b + 0.5 - np}{\sqrt{np(1-p)}}\right)$$

例題 3.4 サイコロを 600 回投げて，1 の目が 110 回以上出る確率を求めよ．

■ 解 答 ■

600 回投げて，1 の目が出る回数を X とおくと $X \sim B(600, 1/6)$．定理 3.6 より，X の分布は $N(100, 500/6)$ に近似できる．標準化して，

$$Z = \frac{X - 100}{\sqrt{500/6}} \sim N(0,1)$$

よって

$$P(X \geq 110) = P(\sqrt{500/6}Z + 100 \geq 110) = P\left(Z \geq \frac{10}{\sqrt{500/6}}\right)$$
$$= P(Z \geq 1.095) = 0.5 - P(0 \leq Z \leq 1.095)$$
$$= 0.5 - 0.3632 = 0.1368$$

上記の解答では半目盛補正を行っていません．半目盛補正を行うと (半目ずらす方向に注意して下さい)，以下のようになります．

$$P(X \geq 110) = P\left(Z \geq \frac{9.5}{\sqrt{500/6}}\right)$$
$$= P(Z \geq 1.041) = 0.5 - P(0 \leq Z \leq 1.041)$$
$$= 0.5 - 0.3511 = 0.1489$$

実際にコンピュータで確率を計算すると 0.1492 となるので，半目盛補正の効果があることがわかります．

3.5　χ^2 分布

母集団 X が標準正規分布 $N(0,1)$ に従うとき，そこから得られた標本 Z_1, $Z_2, Z_3, \cdots, Z_n$ によって以下の統計量を作ったとします．

$$Y = \sum_{i=1}^{n} Z_i^2$$

この Y の従う分布を自由度 n の **χ^2 分布** (chi-squared distribution) と呼び，χ_n^2 で表します．

ここで**自由度** (degrees of freedom) という言葉が出てきますが，自由度というのは一種のパラメータです．Y の確率密度関数はパラメータとして n が含まれるということです．

Y は実数の区間 $[0, \infty]$ 上の連続型確率変数であることは明らかです．ただ，その確率密度関数を求めるには高度な計算が必要です．ここでは結果だけを以下に示します．

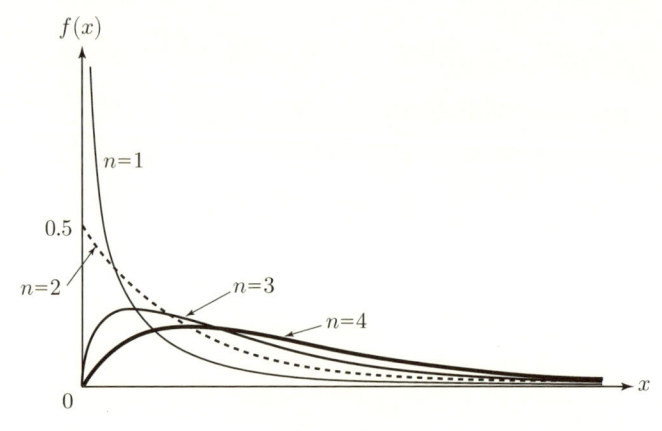

図 3.2 χ^2 分布

$$f(x) = \frac{1}{2^{\frac{n}{2}}\Gamma\left(\frac{n}{2}\right)} x^{\frac{n}{2}-1} e^{-\frac{1}{2}x}$$

ここで，Γ は**ガンマ関数** (gamma function) と呼ばれる関数であり，以下で定義されます．

$$\Gamma(m) = \int_0^\infty e^{-x} x^{m-1} dx$$

$f(x)$ のグラフは概ね図 3.2 のようになります．曲線の横に書いている数値は自由度を表しています．

ガンマ関数に関しては以下の定理が成立します．

定理 3.7 $\Gamma(m)$ がガンマ関数であるとき，以下の式が成立する．

(1) $\Gamma(1) = 1$

(2) $\Gamma(m+1) = m\Gamma(m)$

(3) m が整数のとき，$\Gamma(m) = (m-1)!$

【証明】

(1)
$$\Gamma(1) = \int_0^\infty e^{-x} dx = \left[-e^{-x}\right]_0^\infty = 1$$

3.5 χ^2 分布   77

(2)
$$(e^{-x}x^m)' = -e^{-x}x^m + me^{-x}x^{m-1}$$
移行して,
$$me^{-x}x^{m-1} = (e^{-x}x^m)' + e^{-x}x^m$$
両辺を 0 から ∞ まで積分して,
$$m\Gamma(m) = \left[e^{-x}x^m\right]_0^\infty + \int_0^\infty e^{-x}x^m dx$$
$$= (0-0) + \Gamma(m+1) = \Gamma(m+1)$$

(3) は (1) と (2) から明らかである. ∎

χ^2 分布の確率密度関数が確率の性質を満たすこと,つまり $\int_0^\infty f(x)dx = 1$ について確認しておきます.明らかに,
$$\int_0^\infty x^{\frac{n}{2}-1}e^{-\frac{x}{2}}dx = 2^{\frac{n}{2}}\Gamma\left(\frac{n}{2}\right)$$
を示せば十分です. $x/2 = t$ と置換すると, $dx = 2dt$ より,
$$\int_0^\infty x^{\frac{n}{2}-1}e^{-\frac{x}{2}}dx = \int_0^\infty (2t)^{\frac{n}{2}-1}e^{-t}2dt = 2^{\frac{n}{2}}\int_0^\infty t^{\frac{n}{2}-1}e^{-t}dt$$
$$= 2^{\frac{n}{2}}\Gamma\left(\frac{n}{2}\right)$$

定理 3.7 を利用すれば,χ_n^2 分布に従う確率変数の平均や分散を求めることは難しくはありません.

定理 3.8　$X \sim \chi_n^2$分布 のとき, $E(X) = n$, $V(X) = 2n$ である.

【証明】
$$E(X) = \int_0^\infty x \frac{1}{2^{\frac{n}{2}}\Gamma(\frac{n}{2})} x^{\frac{n}{2}-1}e^{-\frac{1}{2}x}dx$$
$$= \frac{1}{2^{\frac{n}{2}}\Gamma(\frac{n}{2})} \int_0^\infty x^{\frac{n}{2}}e^{-\frac{1}{2}x}dx$$

今,定理 3.7 の n に $n+2$ を代入すれば,

78 第 3 章 統計量と確率変数

$$\int_0^\infty x^{\frac{n}{2}} e^{-\frac{x}{2}} dx = 2^{\frac{n}{2}+1} \Gamma\left(\frac{n}{2}+1\right)$$

$$= 2^{\frac{n}{2}+1} \frac{n}{2} \Gamma\left(\frac{n}{2}\right) \qquad (\because 定理 3.7(2))$$

$$= n 2^{\frac{n}{2}} \Gamma\left(\frac{n}{2}\right)$$

がいえるので,

$$E(X) = \frac{1}{2^{\frac{n}{2}} \Gamma(\frac{n}{2})} n 2^{\frac{n}{2}} \Gamma\left(\frac{n}{2}\right) = n$$

また, $V(X)$ は分散公式より,

$$V(X) = E(X^2) - (E(X))^2$$

なので, まず $E(X^2)$ を求める.

$$E(X^2) = \int_0^\infty x^2 \frac{1}{2^{\frac{n}{2}} \Gamma(\frac{n}{2})} x^{\frac{n}{2}-1} e^{-\frac{1}{2}x} dx$$

$$= \frac{1}{2^{\frac{n}{2}} \Gamma(\frac{n}{2})} \int_0^\infty x^{\frac{n}{2}+1} e^{-\frac{1}{2}x} dx$$

今, 定理 3.7 の n に $n+4$ を代入すれば,

$$\int_0^\infty x^{\frac{n}{2}+1} e^{-\frac{x}{2}} dx = 2^{\frac{n}{2}+2} \Gamma\left(\frac{n}{2}+2\right)$$

$$= 2^{\frac{n}{2}+2} \frac{n}{2} \left(\frac{n}{2}+1\right) \Gamma\left(\frac{n}{2}\right) \qquad (\because 定理 3.7(2))$$

$$= n(n+2) 2^{\frac{n}{2}} \Gamma\left(\frac{n}{2}\right)$$

なので,

$$E(X^2) = \frac{1}{2^{\frac{n}{2}} \Gamma(\frac{n}{2})} n(n+2) 2^{\frac{n}{2}} \Gamma\left(\frac{n}{2}\right) = n(n+2)$$

よって,

$$V(X) = E(X^2) - (E(X))^2$$

$$= n(n+2) - n^2 = 2n$$

∎

Y が χ_n^2 分布に従っているとします. このとき, 確率 $P(Y \geq a)$ の値の求め

3.5 χ^2 分布

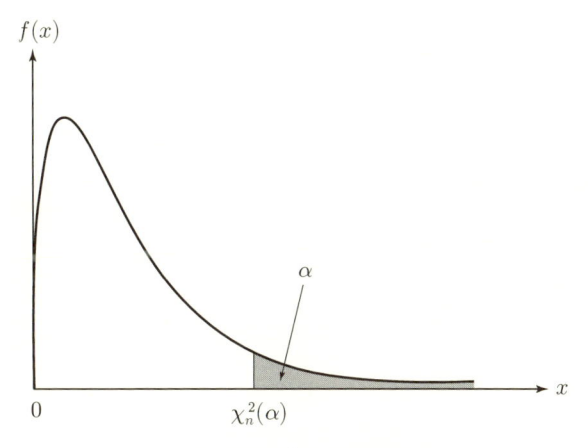

図 3.3 $\chi_n^2(\alpha)$ の定義

方を示します.

定義に戻って確率密度関数の積分値から確率を求めればよいのですが, この計算は困難です. そこで, ここでも正規分布の場合と同様な方法を用います. すなわち表を用います. 付表に χ^2 **分布表**を付けています. この表には, a と n と $P(Y \geq a)$ の値の関係が記載されています.

Y が χ_n^2 分布に従っており, $P(Y \geq a) = \alpha$ を満たすような a を $\chi_n^2(\alpha)$ と書くことにします. つまり,

$$P(Y \geq \chi_n^2(\alpha)) = \alpha$$

の関係があり, これを図で示したものが図 3.3 です.

χ^2 分布について最も重要な定理は以下のものです. 多くの場合, χ^2 分布は以下の定理を通して利用されます.

定理 3.9 母集団 X が $N(\mu, \sigma^2)$ に従っているとする. X から n 個の標本 $X_1, X_2, \cdots, X_n$ を取り出し, 以下の統計量 Y を作成するとき, Y は χ_{n-1}^2 分布 に従う.

$$Y = \frac{nS^2}{\sigma^2}$$

証明はこれまでの知識で示すことは可能ですが，非常に煩雑になるので省略します.

例題 3.5 母集団 X が $N(\mu, \sigma^2)$ に従っているとする．X から取り出した標本 $X_1, X_2, \cdots, X_n$ から作成された統計量 S^2 の平均を求めよ．

■ 解 答 ■
定理 3.9 より，$\dfrac{nS^2}{\sigma^2}$ は χ^2_{n-1} 分布 に従う．よって，
$$E\left(\frac{nS^2}{\sigma^2}\right) = \frac{n}{\sigma^2} E(S^2) = n-1$$
よって，$E(S^2) = \dfrac{n-1}{n}\sigma^2$.

3.6　t 分布

確率変数 X が標準正規分布 $N(0,1)$ に従い，確率変数 Y が自由度 n の χ^2 分布に従うとします．さらに X と Y が独立であるとき，以下の確率変数 T を考えます．
$$T = \frac{X}{\sqrt{\dfrac{Y}{n}}}$$
この確率変数 T の従う分布を自由度 n の t 分布 (t-distribution) と呼び，t_n 分布 と表します．

χ^2 分布のときと同様，T の確率密度関数を求めることは高度な計算を必要とするので，ここでも結果だけを以下に示します．
$$f(x) = \frac{\Gamma(\frac{n+1}{2})}{\sqrt{n\pi}\Gamma(\frac{n}{2})}\left(1 + \frac{x^2}{n}\right)^{-\frac{n+1}{2}}$$
この $f(x)$ は偶関数 ($f(x) = f(-x)$) になっていることに注意して下さい．つまり，$f(x)$ のグラフは y 軸に関して対称です．

3.6 t分布

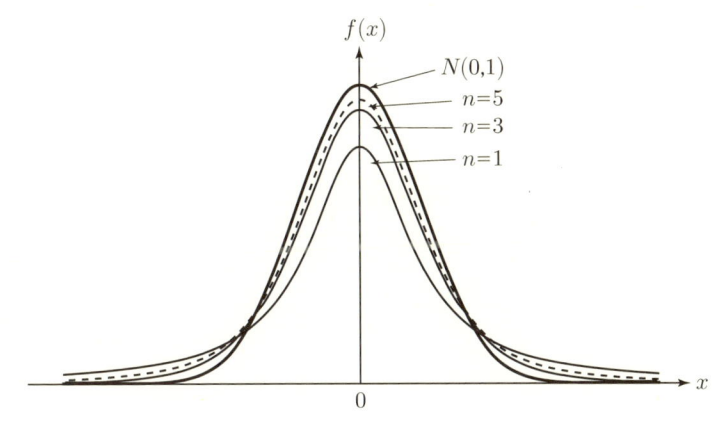

図 3.4 t分布

$f(x)$ のグラフは概ね図 3.4 のようになります．曲線の横に書いている数値は自由度を表しています．t分布は標準正規分布と非常に似ています．比較のために，図 3.4 には，標準正規分布の確率密度関数のグラフも描いておきました．実際に t 分布は自由度が大きくなるにつれて標準正規分布に近づいてゆきます．自由度が無限大の場合は標準正規分布となります．

確率変数 T が t_n 分布に従うとき，その平均と分散は，

$$E(T) = 0 \qquad (n \geq 2)$$
$$V(T) = \frac{n}{n-2} \qquad (n \geq 3)$$

となります．

$n \geq 2$ のとき，$E(T) = 0$ となるのは，$f(x)$ が偶関数なので明らかですが，以下の式からも簡単に確認できます．

$$\int_{-\infty}^{\infty} x \left(1 + \frac{x^2}{n}\right)^{-\frac{n+1}{2}} dx = \left[\frac{-n}{n-1}\left(1 + \frac{x^2}{n}\right)^{-\frac{n+1}{2}}\right]_{-\infty}^{\infty} = 0 - 0 = 0$$

分散の方は，

$$1 + \frac{x^2}{n} = \frac{1}{1-t}$$

という変数変換を行えば示せますが，ここでは煩雑になるので省略します．

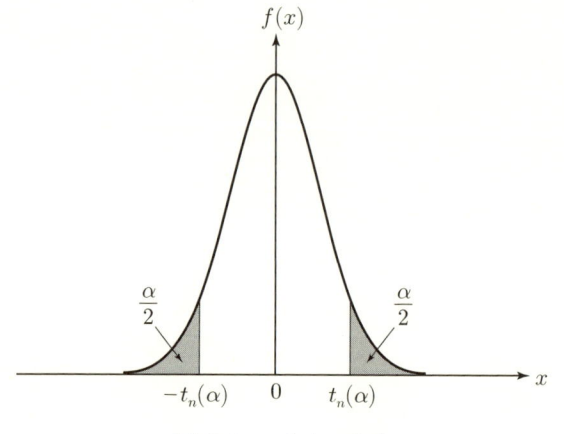

図 3.5　$t_n(\alpha)$ の定義

次に T が t_n 分布に従っているとき，確率 $P(|T| \geq a)$ の値の求め方を示します．一般に $P(a \leq T \leq b)$ という形でもよいのですが，実際に t 分布の確率を求める場合には，$P(|T| \geq a)$ の値が求まればよいことが多いので，この形にしておきます．

この場合も，定義に戻って確率密度関数の積分値から求めればよいのですが，その計算は困難です．そのために，ここでも表を用います．付表に **t 分布表** を付けています．この表には，a と n と $P(|T| \geq a)$ の値の関係が記載されています．

また，T が t_n 分布に従っているとき，$P(|T| \geq a) = \alpha$ を満たす a を $t_n(\alpha)$ と書くことにします．つまり，

$$P(|T| \geq t_n(\alpha)) = \alpha$$

の関係があり，これを図で示したものが図 3.5 です．

t 分布の定義には母集団という用語が入っていません．これは t 分布の定義が以下の定理を一般化したものだからです．通常，t 分布は以下の定理を通して利用されます．t 分布に関しては以下の定理が最も重要です．

> **定理 3.10** 母集団 X が，平均が μ の正規分布に従っているとする．X から n 個の標本 $X_1, X_2, \cdots, X_n$ を取り出し，以下の統計量 T を作成するとき，T は t_{n-1} 分布に従う．
>
> $$T = \frac{\bar{X} - \mu}{\sqrt{\dfrac{S^2}{n-1}}} \sim t_{n-1} \text{分布}$$

【証明】

$X \sim N(\mu, \sigma^2)$ のとき，$\bar{X} \sim N\left(\mu, \dfrac{\sigma^2}{n}\right)$ なので，$\bar{X}$ を標準化して，

$$Z = \frac{\bar{X} - \mu}{\sqrt{\dfrac{\sigma^2}{n}}} \sim N(0, 1)$$

次に定理 3.9 より，

$$Y = \frac{nS^2}{\sigma^2} \sim \chi^2_{n-1} \text{分布}$$

t 分布の定義より $\dfrac{Z}{\sqrt{\dfrac{Y}{n-1}}}$ は t_{n-1} 分布に従う．

$$\frac{Z}{\sqrt{\dfrac{Y}{n-1}}} = \frac{\bar{X} - \mu}{\sqrt{\dfrac{\sigma^2}{n}}} \cdot \frac{1}{\sqrt{\dfrac{nS^2}{\sigma^2}}{n-1}}} = \frac{\bar{X} - \mu}{\sqrt{\dfrac{S^2}{n-1}}}$$

$$= T$$

∎

3.7　F 分布

確率変数 X_1, X_2 が独立で，それぞれ $\chi^2_{n_1}$ 分布，$\chi^2_{n_2}$ 分布に従うとします．このとき以下の確率変数 F を考えます．

$$F = \frac{X_1/n_1}{X_2/n_2}$$

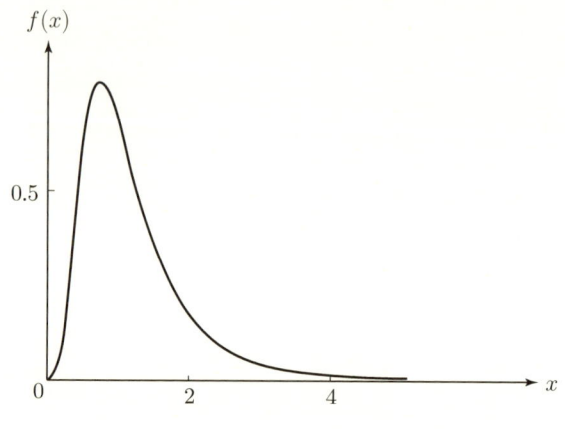

図 3.6　F 分布 ($n_1 = 15, n_2 = 10$)

この確率変数 F の従う分布を自由度 (n_1, n_2) の **F 分布** (F-distribution) と呼び，$F_{n_2}^{n_1}$ 分布 と表します．

F 分布はこれまで出てきた χ^2 分布や t 分布とは異なり，自由度が 2 つあります．つまり確率密度関数に 2 つのパラメータ n_1 と n_2 が含まれるということです．

χ^2 分布や t 分布のときと同様，F の確率密度関数を求めることは高度な計算を必要とするので，ここでも結果だけを以下に示します．

$$f(x) = \frac{\Gamma(\frac{n_1+n_2}{2})}{\Gamma(\frac{n_1}{2})\Gamma(\frac{n_2}{2})} \left(\frac{n_1}{n_2}\right)^{\frac{n_1}{2}} x^{\frac{n_1-2}{2}} \left(1 + \frac{n_1}{n_2}x\right)^{-\frac{n_1+n_2}{2}}$$

$f(x)$ のグラフは概ね図 3.6 のようになります．この曲線は例として $n_1 = 15$, $n_2 = 10$ にとっています．

確率変数 F が $F_{n_2}^{n_1}$ 分布 に従うとき，その平均と分散は

$$E(F) = \frac{n_2}{n_2 - 2} \qquad (n_2 \geq 3)$$

$$V(F) = \frac{2n_2^2(n_1 + n_2 - 2)}{n_1(n_2-2)^2(n_2-4)} \qquad (n_2 \geq 5)$$

となります．これらは実際に定義に従って確率密度関数を用いて導くことができますが，ここでは省略します．

3.7 F 分布

F が $F_{n_2}^{n_1}$ 分布に従っているとします。このとき、確率 $P(F \geq a)$ の値の求め方を示します。

定義に戻って確率密度関数の積分値から確率を求めればよいのですが、これも解析的に求めることは困難です。そのため、ここでも表を用います。付表に F **分布表**を付けています。この表には、a と n_1 と n_2 と $P(Y \geq a)$ の値の関係が記載されています。ただし、平面的な表では a と n_1 と n_2 と $P(F \geq a)$ の 4 つの数値の関係を記述することはできません。そこで F 分布の表では、$P(F \geq a)$ の値を固定した表をよく用います。実際の利用では、必要となる $P(F \geq a)$ の値は 0.05 か 0.025 の場合がほとんどです。本書では、$P(F \geq a)$ の値を 0.05 に固定した F 分布表を付けています。

では、$P(F \geq a)$ の値が 0.05 ではないときの a などを求めたいときはどうすればよいでしょうか。基本的には与えられた表だけでは無理なのですが、以下の定理により求まる場合もあります。

まず、$P(F \geq a) = \alpha$ となるような a の値を $F_{n_2}^{n_1}(\alpha)$ と書くことにします。つまり、

$$P(F \geq F_{n_2}^{n_1}(\alpha)) = \alpha$$

の関係があり、これを図で示したものが図 3.7 です。

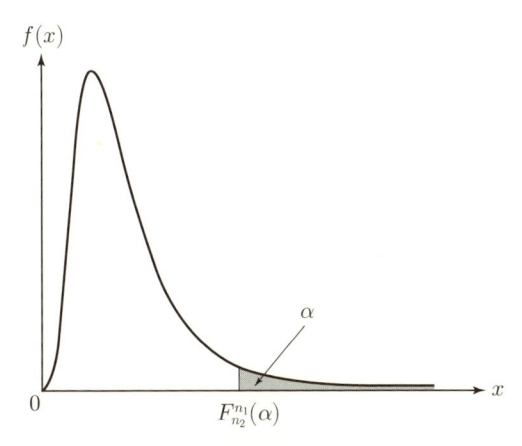

図 3.7　$F_{n_2}^{n_1}(\alpha)$ の定義

> **定理 3.11**
> $$F^{n_1}_{n_2}(1-\alpha) = \frac{1}{F^{n_2}_{n_1}(\alpha)}$$

【証 明】

F 分布の定義より,
$$P\left(\frac{X_2/n_2}{X_1/n_1} \geq F^{n_2}_{n_1}(\alpha)\right) = \alpha$$

よって
$$P\left(\frac{X_1/n_1}{X_2/n_2} \leq \frac{1}{F^{n_2}_{n_1}(\alpha)}\right) = \alpha$$

この余事象を考えると,
$$P\left(\frac{X_1/n_1}{X_2/n_2} > \frac{1}{F^{n_2}_{n_1}(\alpha)}\right) = 1-\alpha$$

よって
$$F^{n_1}_{n_2}(1-\alpha) = \frac{1}{F^{n_2}_{n_1}(\alpha)}$$

■

◆◆ 第3章のまとめ ◆◆

本章では母集団, 標本, 統計量がすべて確率変数と見なせることを学びました. また, 代表的な統計量と, 統計量の中の代表的な分布を学びました.

- **母集団**

  調査したい数値データの集合です. 確率変数と見なせます.

- **標本**

  母集団からランダムに取り出した要素です. これも確率変数と見なせます. そして標本の確率変数と母集団の確率変数の分布は同じです. ですから, 平均や分散も同じです.

- **標本間の独立性**

  複数個の標本を取ったとき, 各標本に対する各確率変数は互いに独立です.

☐ **統計量**

標本の確率変数から作られた合成式が統計量です．統計量も確率変数です．

☐ **代表的な統計量**

標本平均，標本分散，不偏標本分散は重要な統計量です．

☐ **統計量の代表的な確率分布**

代表的な統計量の中には確率変数の方にではなく，確率分布の方に名前が付いているものがあります．統計量の代表的な確率分布として，χ^2 分布，t 分布，F 分布があります．それらの確率はそれぞれ χ^2 分布表，t 分布表，F 分布表から求めます．

練習問題 3

3.1 母集団 X から以下の 5 つ標本を取り出した．
$$1.2,\ 1.1,\ 1.5,\ 0.9,\ 1.1,$$
$\bar{x},\ s^2,\ u^2$ の値を求めよ．

3.2 X を母集団とし，$X_1,\ X_2,\ X_3$ を X から取られた標本とする．今，X の平均 $E(X)$ が μ，X の分散 $V(X)$ が σ^2 であるとき，以下に示す値を μ と σ を用いて表せ．

(1) $E(X_1 + 2X_2 - 1)$

(2) $V(X_1 + 2X_2 - 1)$

(3) $E(X_1 X_2^2 X_3)$

(4) $E(X_1 X_2 + X_2)$

3.3 母集団 X の平均は μ，分散は σ^2 とする．このとき以下の統計量の平均を求めよ．ただし X_i は i 番目の標本，標本数は n とする．

(1) $(2\bar{X} - 3)^2$

(2) $\sum_{i=1}^{n}(X_i - 2)^2$

3.4 $\chi^2_{10}(0.05)$ を求めよ．

3.5 X が自由度 6 の χ^2 分布に従っているとする．このとき χ^2 分布表を利用して，$P(X \leq 2.204)$ の値を求めよ．

3.6 壁に x 軸と y 軸が描かれた xy 平面がある．その原点を狙って玉を投げる．玉が当たった位置を (X, Y) とする．X と Y は独立であり，$N(0, 2)$ に従うとする．以下の問いに答えよ．

(1) X を標準化して $Z_x = \boxed{?}$ とおくと，Z_x は正規分布 $N(0, 1)$ に従う．? の部分を書け．

(2) $P(|X| < 1)$ を求めよ．

(3) Y を標準化した確率変数を Z_y とする．$Z_x^2 + Z_y^2$ の従う分布は何かを述べよ．

(4) 玉が原点を中心とした半径 r の円の中に入る確率が 0.5 だとする．r を求めよ．

3.7 $t_{15}(0.05)$ を求めよ．

3.8 T が自由度 10 の t 分布に従っているとする．このとき t 分布表を利用して，$P(T \leq 1.812)$ の値を求めよ．

3.9 母集団 X が $N(\mu, \sigma^2)$ に従っているとする．このとき，

$$Y = \frac{\bar{X} - \mu}{\sqrt{\dfrac{\sigma^2}{n}}}$$

はどのような分布に従うか．

3.10 F 分布表を利用して $F_{10}^{8}(0.05)$ および $F_{8}^{10}(0.95)$ を求めよ．

3.11 確率変数 T が t_n 分布に従うとき，T^2 は F_n^1 分布に従うことを示せ．

第4章

推　定

　ここまでに解説した事項は，この章の「推定」と次章の「検定」を行うための基礎事項でした．統計学はここからスタートです．

　まず推定です．統計学の目的は予測であるといいました．予測するとは突き詰めると，標本からある値に対する統計量を作ることに帰着します．本章ではまずこの点を理解し，次にどのような統計量がよい統計量といえるのかという問題に対して不偏性，有効性，一致性という3つの目安を学びます．次に標本からどのようにして統計量を作成するかという問題に対して，最尤法という強力な手法を学びます．

4.1　予測するとはどういうことか

　ある母集団 X に関するある値，たとえば平均や分散や最大値などを総称して**特性値** (characteristic) と呼びます．

　初等統計学の場合，予測するとは，ある母集団 X のある特性値を推定することに帰着できます．この点を掘り下げてみます．

　予測するとは一体どういうことなのでしょうか．サイコロをもってきて，そのサイコロを振ったときに次に何の目が出るかを予測することを考えましょう．普通,「次に出る目は1だよ」や「次に出る目は5だよ」というのが予測することだと思われていますが，このような予測はあまり意味がありません．このテキストの最初に述べたように，その予測がどの程度の確からしさをもつのか，つまりその予測がそのとおり起こる確率を示さないと意味がありません．

　予測というのは，起こり得るすべてのケースをあげて，その各ケースが生じる確率を示すことです．サイコロを振ったときに次に何の目が出るかを予測し

た結果は,「1か2か3か4か5か6の目が出て,それぞれの目の出る確率は1/6です」と述べることが予測です.

予測する場合,その予測の対象となる試行があるはずです.上記の例の場合は,サイコロを振るという試行です.ではその試行の結果を確率変数で表した場合,起こり得るすべてのケースをあげて,その各ケースが生じる確率を示すことが予測だとすれば,予測とは試行の結果の確率変数に対する確率分布を示すことになります.もう少し掘り下げると,示すべき確率分布を推定することが予測です.

サイコロを振ったときに次に何の目が出るかを予測することは,サイコロを振ったとき出る目を確率変数 X として,X の分布を推定することです.この場合,分布は以下のように推定されるでしょう.

$$P(X = x) = \frac{1}{6} \qquad (x = 1, \cdots, 6)$$

では分布はどうすれば推定できるでしょうか.全く何の情報もないところから分布を推定することは不可能です.統計学では,標本を取ることで推定を行います.ある試行結果を表す確率変数 X は,その試行を神様が無限回行った結果を集めた母集団と見なせます.確率変数 X の分布とは,この母集団 X の分布のことです.また,標本を取るというのは,現実的には何回かその試行を行うことを意味しますが,統計学ではこの母集団からランダムに数値を取り出すことを意味します.ランダムに取り出された数値は標本です.

今,母集団から標本を n 個取り出し,i 番目に取り出された標本を確率変数 X_i で表すことにします.つまり標本 $X_1, X_2, \cdots, X_n$ を使って,母集団の分布を推定することが予測するということになります.

しかし一般に,母集団 X の分布を標本 $X_1, X_2, \cdots, X_n$ から推定することは困難です.このため,初等統計学では,母集団 X の分布をあらかじめ仮定することがよく行われます.母集団 X の分布をあらかじめ仮定したら,推定することなどないと思うかもしれませんが,あらかじめ仮定する分布は,正規分布であるとか2項分布であるとかといった概略の分布です.正規分布の確率密度関数には,母集団の平均と分散がパラメータとして含まれているので,それらの値が確定しない限り,具体的な分布の形はわからないのです.2項分布 $B(n, p)$

にも，n や p が具体的に決まらないと，分布は確定しません．つまり，母集団の概略の分布を仮定したとき，予測するとは，標本 $X_1, X_2, \cdots, X_n$ を使って，分布のパラメータ θ を推定することに帰着します．

標本 $X_1, X_2, \cdots, X_n$ を使って，分布のパラメータ θ を推定するということは，具体的には何をすることなのでしょうか．結論を述べれば，θ を推定するための，$X_1, X_2, \cdots, X_n$ からなる合成式を作ることです．実際に，推定する具体的な値を出す場合には，X_i にあたる具体的な数値をその合成式に代入すれば求まります．

θ を推定するための $X_1, X_2, \cdots, X_n$ からなる合成式は統計量になります．この統計量のことを特に θ に対する**推定量** (estimator) と呼びます．また，各 X_i に具体的な値を代入して求まった推定量に対する具体的な値を**推定値** (estimate) といいます．

以上より，予測するとはどういうことかが，はっきりしました．予測するとは，標本 $X_1, X_2, \cdots, X_n$ を使って，母集団の確率分布を推定することです．初等統計学では母集団の概略の分布を仮定しますが，その場合は分布のもつパラメータ θ に対する推定量を作ることになります．

4.2 推定量の評価

母集団 X に関するある特性値 θ を推定するのに，標本 $X_1, X_2, \cdots, X_n$ をとって θ の推定量を作ることを考えます．

推定量を作る場合，どのようにして作ればよいのかというのが最も重要な問題です．しかしそもそも推定量がよいとか悪いとかはどのように判定できるのでしょうか．

たとえば，ある母集団 X の平均を推定する場合に，4つの標本 X_1, X_2, X_3, X_4 をとって，以下のような推定量を作ったとします．

$$T_1 = \frac{X_1 + X_2 + X_3 + X_4}{4}$$

$$T_2 = \frac{X_2 + X_3 + X_4}{3}$$

$$T_3 = \frac{\max(X_1, X_2, X_3, X_4) + \min(X_1, X_2, X_3, X_4)}{2}$$

$$T_4 = \frac{X_1 + X_2 + X_3 + X_4 - \max(X_1, X_2, X_3, X_4) - \min(X_1, X_2, X_3, X_4)}{2}$$

まず，押さえておかなければならないポイントは，パラメータに対する推定量は無限に考えられるということです．単純に平均を推定するにしても，上記のようにいくつでも推定量を考えることができます．

次に，どの推定量がよいといえるかですが，これについてははっきりしたことはいえません．結局，確率的な話になってしまいます．上記の例では実際に 4 つの標本を取って，T_1 から T_4 の具体的な値を出してどれが本当の平均に近いかは確率的な問題になってしまいます．ですから，「〇〇の推定量の方が××の推定量よりも確実に推定したい値に近い値が得られる」ということはないのです．

ここでは，推定量のよさを判定する 3 つの目安 (不偏性，有効性，一致性) を与えます．目安は目安であって，絶対的なものではありませんが，概ね，これらの目安で推定量のよさを判定できます．

4.2.1　不偏性

推定量は統計量の一種なので，当然，確率変数です．ですから，平均や分散をもっています．

パラメータ θ に対する推定量 T が以下の条件を満たすとき，T は**不偏性** (unbiasedness) をもつといいます．

$$E(T) = \theta$$

不偏性をもつ推定量はよい推定量です．不偏性をもつ推定量を**不偏推定量** (unbiased estimator) といいます．

図 4.1 は不偏性を説明した図です．標本 $x_1, x_2, \cdots, x_n$ を推定量の式に代入し，具体的な推定値を得ます．この操作を何度も行うと，推定値 $t_1, t_2, \cdots, t_n, \cdots$ が得られます．不偏性というのは，$t_1, t_2, \cdots, t_n, \cdots$ の平均をとったときに，その平均の値が本来推定したい値 θ に一致するという性質です．

4.2 推定量の評価

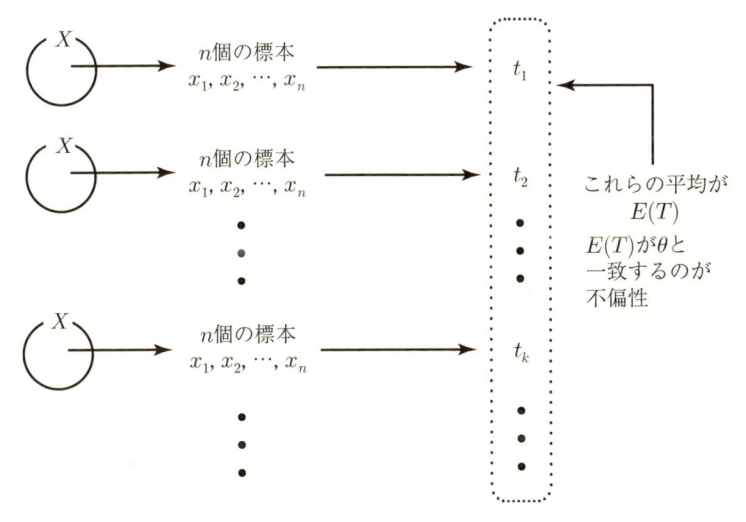

図 4.1 不偏性

これらの平均が $E(T)$
$E(T)$がθと一致するのが不偏性

定理 4.1 標本平均は平均の不偏推定量である．

【 証 明 】

定理 3.1 (p.67) より $E(\bar{X}) = E(X)$ ∎

この定理はどのような母集団であっても成立することに注意して下さい．どのような母集団であってもその平均を推定するのに，標本平均を用いることはとても有効な手段なのです．

定理 4.2 標本分散は分散の不偏推定量ではない．

【 証 明 】

例題 3.3 (p.69) より $E(S^2) = \dfrac{n-1}{n} V(X) \neq V(X)$ ∎

定理 4.3 不偏標本分散は分散の不偏推定量である．

【 証 明 】

例題 3.3 (p.69) より $E(U^2) = V(X)$ ∎

例題 4.1 あるクジの当たる確率は p で一定とする．今，このクジを m 本引き，当たった本数を X とおく．この実験を n 回行った．i 回目の実験で当たった本数を X_i とおくとき，$\bar{X}/m$ は，p の不偏推定量になることを示せ．

■ 解 答 ■

X は $B(m,p)$ に従うので $E(X) = mp$ である．
$$E\left(\frac{\bar{X}}{m}\right) = \frac{E(\bar{X})}{m} = \frac{E(X)}{m} = p$$

4.2.2 有効性

パラメータ θ に対する推定量 T_1 と T_2 がともに不偏推定量であり，以下の関係があるとき，T_1 は T_2 よりも**有効** (efficient) であるといいます．

$$V(T_1) < V(T_2)$$

2つの不偏推定量のよさを比較する場合，有効である方がよい推定量です．分散が小さいほどよい推定量ということになりますが，分散はいくらでも小さくできるかというとそんなことはありません．実は不偏推定量 T に対する $V(T)$ の下限が存在します．それを示したものが以下の定理です．

定理 4.4 母集団 X の確率密度関数を $f(x:\theta)$ とし，$X_1, X_2, \cdots, X_n$ を X からの標本，$T = T(X_1, X_2, \cdots, X_n)$ を θ の不偏推定量とする．このとき以下の不等式が成立する．
$$V(T) \geq \frac{1}{nE\left(\left(\frac{\partial \log f(X:\theta)}{\partial \theta}\right)^2\right)}$$

この不等式は**クラーメルラオの不等式** (Cramer-Rao lower bound) と呼ばれています．厳密には，上記の定理には確率密度関数に関する**正則条件** (regularity conditions) という条件が必要ですが，ゆるい条件なので，ここでは気にしなくてもよいでしょう．

上記の定理の右辺が不偏推定量 T に対する $V(T)$ の下限です. $V(T)$ の値がこの下限に等しくなるような不偏推定量 T を**有効推定量** (efficient estimator) といいます.

例題 4.2 X が $N(\mu, \sigma^2)$ に従うとき, $\bar{X}$ は μ の有効推定量である.

■ 解 答 ■

まず, $V(\bar{X}) = \dfrac{\sigma^2}{n}$. 次に,
$$\log f(X:\theta) = \log\left(\frac{1}{\sqrt{2\pi}\sigma}\right) - \frac{1}{2\sigma^2}(X-\theta)^2$$
なので,
$$\frac{\partial \log f(X:\theta)}{\partial \theta} = \frac{X-\theta}{\sigma^2}$$
よって,
$$nE\left(\left(\frac{\partial \log f(X:\theta)}{\partial \theta}\right)^2\right) = nE\left(\frac{(X-\theta)^2}{\sigma^4}\right) = \frac{n\sigma^2}{\sigma^4} = \frac{n}{\sigma^2}$$
以上より,
$$V(\bar{X}) = \frac{1}{nE\left(\left(\dfrac{\partial \log f(X:\theta)}{\partial \theta}\right)^2\right)}$$
なので, $\bar{X}$ は μ の有効推定量である.

例題 4.3 X_1, X_2, X_3 を X の標本とする.

(1) $Y = \dfrac{X_1 + X_2 + X_3}{3}$ は $E(X)$ の不偏推定量であることを示せ.

(2) $Z = \dfrac{2X_1 - X_2 + X_3}{2}$ は $E(X)$ の不偏推定量であることを示せ.

(3) Y と Z はどちらが有効か.

■ 解 答 ■

(1) $Y = \bar{X}$ なので定理 4.1 (p.93) より明らか.

(2)
$$E(Z) = \frac{E(2X_1 - X_2 + X_3)}{2}$$
$$= \frac{2E(X_1) - E(X_2) + E(X_3)}{2}$$
$$= \frac{2E(X) - E(X) + E(X)}{2} = E(X)$$

(3) まず, $V(Y) = \dfrac{V(X)}{3}$. 次に,
$$V(Z) = \frac{V(2X_1 - X_2 + X_3)}{4}$$
$$= \frac{4V(X_1) + V(X_2) + V(X_3)}{4} \quad (\because \text{各 } X_i \text{は互いに独立})$$
$$= \frac{4V(X) + V(X) + V(X)}{4} = \frac{3}{2}V(X)$$

以上より, $V(Y) < V(Z)$ なので Y の方が有効.

4.2.3 一致性

ここまでの推定量の話には, 標本の数を問題にしていませんでしたが, 実際は, 推定量は標本の数 n に依存しています. そこで, 標本 $X_1, X_2, \cdots, X_n$ から作られる θ に対する推定量を T_n と表すことにします.

任意の $\varepsilon > 0$ に対して以下の条件が満されるとき, T は**一致性** (consistent) をもつといいます.

$$\lim_{n \to \infty} (P(|T_n - \theta| < \varepsilon) = 1$$

一致性をもつ推定量はよい推定量です. 一致性をもつ推定量を**一致推定量** (consistent estimator) といいます.

ある変数がある値 θ に近づいていくことを収束といいますが, 確率変数がある値 θ をとるのは確率的なので, 単純に収束という概念は適用できません. そこで**確率収束** (convergence in probability) という考え方が必要になります. 一致性で述べているのは, 確率変数 T_n がある値 θ と非常に近い値をとる確率が極限において 1 に等しいということです.

確率収束については本書では詳しく述べていないので, 一致性については言葉だけでよいと思います.

標本平均，標本分散，不偏標本分散はみな一致性を満たします．

4.3 推定量の構築 (最尤法)

作られた推定量がよい推定量であるかどうかは，前述した不偏性，有効性，一致性などである程度目安が得られます．しかし本質的な問題は，あるパラメータ θ に対する推定量をどのように作成するかです．

先にも述べたように，よい推定量を作ることは統計学の本質的な問題です．しかし一般の形ではこの問題の解決は困難です．そのため，初等統計学では，母集団の分布を仮定します．この場合，推定する θ は分布のパラメータとなります．このような条件のもとでは，決定版といえる手法が存在します．それが**最尤法** (method of maximum likelihood estimation) です[*1]．

最尤法の基本的なアイデアは，ある試行の結果が得られた場合，その試行を行った場合に，その結果が生じる確率が最も高かったので，その結果が生じたのだと考えることです．

たとえば，母集団 X から 3 つ標本を取り，その標本が 1, 3, 4 だったとします．このとき，最尤法では，母集団 X から 3 つ標本を取り出したとき，1, 3, 4 が取り出される確率が最も高かったのだと考えます．母集団 X の分布はわかっているので，X から 3 つ標本を取り出すときに，1, 3, 4 が取り出される確率は計算できます．この確率が最大になるようにパラメータを設定するというアプローチです．

最尤法は，母集団 X が離散型確率変数か連続型確率変数かで，少しだけ解き方が異なります．まず離散型確率変数について解説し，そのアナロジーで連続型のケースを示します．

4.3.1 離散型確率変数の場合

母集団 X の分布を $P(X=x)$ とします．ただし，$P(X=x)$ の具体的な式の中にはパラメータ θ が含まれています．今，母集団 X から標本を n 個取り出し，それらが $x_1, x_2, \cdots, x_n$ だったとします．

[*1] 最尤は「さいゆう」と読みます．最も尤 (もっと) もらしいという意味です．

i 番目に取り出した標本を確率変数 X_i で表します.すると,n 個の標本を取り出したときに $x_1, x_2, \cdots, x_n$ が取り出される同時確率は,以下のように計算できます.

$$P(X_1 = x_1, X_2 = x_2, \cdots, X_n = x_n)$$
$$= P(X_1 = x_1)P(X_2 = x_2) \cdots P(X_n = x_n)$$
$$(\because 各 X_i は独立)$$
$$= P(X = x_1)P(X = x_2) \cdots P(X = x_n)$$
$$(\because X_i の分布と X の分布は同じ)$$
$$= \prod_{i=1}^{n} P(X = x_i)$$

$\prod_{i=1}^{n} P(X = x_i)$ は θ の関数になっていることに注意して下さい.$\prod_{i=1}^{n} P(X = x_i)$ を**尤度関数** (likelihood function) といい $L(\theta)$ で表すことにします.

最尤法では尤度関数 $L(\theta)$ を最大にする $\theta = \hat{\theta}$ を求めます.このとき求められた $\hat{\theta}$ は,$x_1, x_2, \cdots, x_n$ の合成式になっています.つまり,$\hat{\theta}$ が θ の推定値です.そこで,求まった $\hat{\theta}$ 内の x_i を確率変数 X_i に置き換えることで θ の推定量が得られます.これが最尤法です.最尤法で得られる推定量を**最尤推定量** (maximum likelihood estimator) といいます.

尤度関数 $L(\theta)$ を最大にする $\hat{\theta}$ の求め方ですが,これは 2 つのテクニックを使います.

1 つは尤度関数の対数をとることです.尤度関数の対数をとったものを**対数尤度関数** (log-likelihood function) といい $l(\theta)$ で表します.

$$l(\theta) = \log L(\theta)$$

$L(\theta)$ を最大にする $\hat{\theta}$ は $l(\theta)$ を最大にする $\hat{\theta}$ と同じです.ですから,$L(\theta)$ を最大にする $\hat{\theta}$ を求めるかわりに,$l(\theta)$ を最大にする $\hat{\theta}$ を求めればよいことがわかります.

2 つ目は $l(\theta)$ を最大にする $\hat{\theta}$ は $l(\theta)$ の極値になっているという条件を使うことです.微分した式が 0 になる値が極値です.この条件から $\hat{\theta}$ が求まります.

例題 4.4 あるクジの当たる確率は p で一定とする. 今, このクジを m 本引き, 当たった本数を X とおく. この実験を n 回行った. i 回目の実験で当たった本数は x_i であった. p の最尤推定量を求めよ.

■ 解 答 ■

$p = \theta$ とおく. X は $B(m, \theta)$ に従うので,
$$P(X = x_i) = {}_mC_{x_i} \theta^{x_i} (1-\theta)^{m-x_i}$$
$$L(\theta) = \prod_{i=1}^n P(X = x_i) = \prod_{i=1}^n {}_mC_{x_i} \theta^{x_i} (1-\theta)^{m-x_i}$$

よって,
$$l(\theta) = \log L(\theta) = \sum_{i=1}^n \log P(X = x_i)$$
$$= \sum_{i=1}^n \{\log({}_mC_{x_i}) + x_i \log(\theta) + (m - x_i) \log(1-\theta)\}$$

θ で微分して
$$l'(\theta) = \sum_{i=1}^n \left(0 + \frac{x_i}{\theta} - \frac{m - x_i}{1 - \theta}\right) = \sum_{i=1}^n \frac{x_i - m\theta}{\theta(1-\theta)}$$

求める推定値を $\hat{\theta}$ とすると, $l'(\hat{\theta}) = 0$ なので,
$$\sum_{i=1}^n (x_i - m\hat{\theta}) = 0$$

よって,
$$\hat{\theta} = \frac{\sum_{i=1}^n x_i}{nm}$$

x_i を X_i に置き換えて,
$$\hat{\theta} = \frac{\sum_{i=1}^n X_i}{nm} = \frac{\bar{X}}{m}$$

4.3.2 連続型確率変数の場合

基本的な考え方は連続型確率変数の場合も離散型の場合と同じです. ただ, 連続型確率変数では確率変数がある値をとる確率は 0 であるため, 単純には適用することができません.

このあたりも厳密に示すには面倒なことが多いので，結果だけを示します．

母集団 X の確率密度関数を $f(x)$ とします．今，母集団 X から標本を n 個取り出し，それらが $x_1, x_2, \cdots, x_n$ だったとします．このとき，尤度関数 $L(\theta)$ は以下のようになります．

$$L(\theta) = \prod_{i=1}^{n} f(x_i)$$

あとは離散型のケースと同様に，$L(\theta)$ を最大にする $\hat{\theta}$ を求めることで θ の最尤推定量が求まります．

例題 4.5 母集団 X は正規分布 $N(\theta, \sigma^2)$ に従っている．ここから n 個の標本値 $x_1, x_2, \cdots, x_n$ を取り出した．θ の最尤推定量を求めよ．

■ **解 答** ■

$$\begin{aligned}
l(\theta) = \log L(\theta) &= \log \prod_{i=1}^{n} f(x_i) \\
&= \sum_{i=1}^{n} \log f(x_i) = \sum_{i=1}^{n} \log \frac{1}{\sqrt{2\pi\sigma^2}} \exp\left\{-\frac{(x_i - \theta)^2}{2\sigma^2}\right\} \\
&= \sum_{i=1}^{n} \left(\log \frac{1}{\sqrt{2\pi\sigma^2}} - \frac{(x_i - \theta)^2}{2\sigma^2} \right)
\end{aligned}$$

よって

$$l'(\theta) = \sum_{i=1}^{n} \left(0 + \frac{x_i - \theta}{\sigma^2} \right) = \sum_{i=1}^{n} \frac{x_i - \theta}{\sigma^2}$$

求める推定値を $\hat{\theta}$ とすると，$l'(\hat{\theta}) = 0$ なので，

$$\sum_{i=1}^{n} (x_i - \hat{\theta}) = 0$$

よって，$\hat{\theta} = \dfrac{1}{n} \sum_{i=1}^{n} x_i$．$x_i$ を X_i に書き換えて，

$$\hat{\theta} = \frac{1}{n} \sum_{i=1}^{n} X_i = \bar{X}$$

4.3.3 パラメータが複数ある場合

確率分布の式や確率密度関数の中に複数のパラメータ $\theta_1, \theta_2, \cdots, \theta_m$ がある場合でも最尤法は使えます.

対数尤度関数は先ほどと同様に求まります. この対数尤度関数には m 個のパラメータ $\theta_1, \theta_2, \cdots, \theta_m$ が入っています.

$$l(\theta_1, \theta_2, \cdots, \theta_m)$$

ここで, $l(\theta_1, \theta_2, \cdots, \theta_m)$ を最大にするようなパラメータ $\hat\theta_1, \hat\theta_2, \cdots, \hat\theta_m$ を求めればよいのです.

これは各 θ_i で $l(\theta_1, \theta_2, \cdots, \theta_m)$ を偏微分し,その偏微分により求まった式では, $\hat\theta_1, \hat\theta_2, \cdots, \hat\theta_m$ が極値になっていることを利用します.

各 θ_i について,上記の条件から $\hat\theta_1, \hat\theta_2, \cdots, \hat\theta_m$ に関する方程式が導けるので,合計して m 個の方程式が求まります.また,求めたい変数は $\hat\theta_1, \hat\theta_2, \cdots, \hat\theta_m$ の m 個なので,結局,連立方程式から求まります.

例題 4.6 母集団 X は正規分布 $N(\theta_1, \theta_2)$ に従っている.ここから n 個の標本値 $x_1, x_2, \cdots, x_n$ を取り出した.θ_1 と θ_2 の最尤推定量を求めよ.

■ 解 答 ■

$$\begin{aligned}
l(\theta_1, \theta_2) &= \log L(\theta_1, \theta_2) = \log \prod_{i=1}^{n} f(x_i) = \sum_{i=1}^{n} \log f(x_i) \\
&= \sum_{i=1}^{n} \log \frac{1}{\sqrt{2\pi\theta_2}} \exp\left\{-\frac{(x_i - \theta_1)^2}{2\theta_2}\right\} \\
&= \sum_{i=1}^{n} \left(\log \frac{1}{\sqrt{2\pi\theta_2}} - \frac{(x_i - \theta_1)^2}{2\theta_2}\right) \\
&= \sum_{i=1}^{n} \left(-\frac{1}{2}(\log(2\pi) + \log \theta_2) - \frac{(x_i - \theta_1)^2}{2\theta_2}\right),
\end{aligned}$$

$$\frac{\partial l}{\partial \theta_1} = \sum_{i=1}^{n} \left(0 + \frac{x_i - \theta_1}{\theta_2}\right) = \sum_{i=1}^{n} \frac{x_i - \theta_1}{\theta_2}$$

$$\left.\frac{\partial l}{\partial \theta_1}\right|_{\theta_1 = \hat\theta_1, \theta_2 = \hat\theta_2} = 0 \text{ より,}$$

$$\hat{\theta}_1 = \frac{1}{n}\sum_{i=1}^{n} x_i$$

x_i を X_i に書き換えて,

$$\hat{\theta}_1 = \frac{1}{n}\sum_{i=1}^{n} X_i = \bar{X}$$

また,

$$\frac{\partial l}{\partial \theta_2} = \sum_{i=1}^{n}\left(-\frac{1}{2}\cdot\frac{1}{\theta_2} + \frac{(x_i-\theta_1)^2}{2}\cdot\frac{1}{\theta_2^2}\right)$$

$$= \sum_{i=1}^{n}\frac{-\theta_2+(x_i-\theta_1)^2}{2\theta_2^2}$$

$\left.\frac{\partial l}{\partial \theta_2}\right|_{\theta_1=\hat{\theta}_1,\theta_2=\hat{\theta}_2} = 0$ より,

$$\hat{\theta}_2 = \frac{1}{n}\sum_{i=1}^{n}(x_i-\hat{\theta}_1)^2$$

x_i を X_i に書き換えて,

$$\hat{\theta}_2 = \frac{1}{n}\sum_{i=1}^{n}(X_i-\hat{\theta}_1)^2$$

先に求まっている, $\hat{\theta}_1 = \bar{X}$ を代入し,

$$\hat{\theta}_2 = \frac{1}{n}\sum_{i=1}^{n}(X_i-\bar{X})^2 = S^2$$

4.3.4 最尤推定量の性質

最尤法で求まった推定量は不偏性や有効性や一致性を満たすのでしょうか.

例題 4.6 (p.101) で正規母集団の分散の最尤推定量が S^2 になることを示しましたが, S^2 は分散の不偏推定量ではないので, 不偏性さえ満たすとは限らないことがわかります.

ただし, 最尤推定量は標本数 n が十分に大きいとき, 不偏性, 有効性がほぼ満たされる[*1] ことが示されます. また, 一致性は満たされます.

S^2 は分散の不偏推定量ではありませんが, n が十分に大きいとき, 分散の不偏推定量である U^2 とほとんど同じ値をとります.

[*1] 漸近的に満たされます.

最尤推定量は分布がわかっているときに，分布のパラメータを推定する際の非常に強力な手法です．

4.4 区間推定

ここまでの推定はある値を 1 点で推定しています．現実には推定した値が真の値とピッタリ同じということはないので，推定値自体を導いても役に立たないこともあります．この節では**区間推定** (interval estimation) という推定法を解説します．区間推定は推定したい値が「区間 (a,b) に入る確率が $1-\alpha$ である」という形で推定します．この形の方が，点推定よりも推定したい値の様子がよくわかります．$1-\alpha$ を**信頼係数** (coefficient) といいます．通常，α を 0.05 にとり，信頼係数が 0.95 で推定したい値が入る区間を求めるのが区間推定です．信頼係数が γ の信頼区間を $100 \cdot \gamma\%$ 信頼区間といいます．

区間推定は本テキストの次章で解説する検定と表裏の関係にあります．検定で似たような手法を学ぶので，ここでは簡単なケースだけを扱うことにします．

4.4.1 平均の区間推定

母集団 X が $N(\mu, \sigma^2)$ に従っているとします．ここから標本 $x_1, x_2, \cdots, x_n$ を取り出し，これらにより μ の信頼区間を求めてみます．

ここで，σ^2 の値が既知の場合と未知の場合では手法が少し異なります．

(1) 分散が既知の場合の平均の区間推定

母集団 X が $N(\mu, \sigma^2)$ に従っているとき，標本平均 $\bar{X}$ は $N\left(\mu, \dfrac{\sigma^2}{n}\right)$ に従います．これを標準化すると，

$$Z = \frac{\bar{X} - \mu}{\sqrt{\dfrac{\sigma^2}{n}}} \sim N(0,1)$$

がいえます．よって，z_α の定義 (p.49) から，

$$P(|Z| < z_\alpha) = 1 - \alpha$$

が成立します．この式を変形します．

$$P(|Z| < z_\alpha) = P\left(\left|\frac{\bar{X} - \mu}{\sqrt{\frac{\sigma^2}{n}}}\right| < z_\alpha\right) = P\left(|\bar{X} - \mu| < z_\alpha\sqrt{\frac{\sigma^2}{n}}\right)$$

$$= P\left(\bar{X} - z_\alpha\sqrt{\frac{\sigma^2}{n}} < \mu < \bar{X} + z_\alpha\sqrt{\frac{\sigma^2}{n}}\right)$$

$$= 1 - \alpha$$

上の式は，μ が，区間

$$\left(\bar{x} - z_\alpha\sqrt{\frac{\sigma^2}{n}},\quad \bar{x} + z_\alpha\sqrt{\frac{\sigma^2}{n}}\right) \tag{4.1}$$

に入る確率が $1 - \alpha$ であることを示しています．つまり，求める信頼区間は式 (4.1) です．

例題 4.7 ある正規母集団から 10 個の標本を取り出し，次のデータを得た．

27.3, 28.2, 26.8, 27.7, 25.1, 28.4, 26.3, 27.0, 29.7, 26.7

母分散が 1.6 であることが既知である場合，母平均 μ の 95% 信頼区間を求めよ．

■ **解 答** ■

求める信頼区間は

$$\left(\bar{x} - z_\alpha\sqrt{\frac{\sigma^2}{n}},\quad \bar{x} + z_\alpha\sqrt{\frac{\sigma^2}{n}}\right)$$

である．今，$\bar{x} = 27.32$，$z_{0.05} = 1.96$ なので，

$$\bar{x} \pm z_\alpha\sqrt{\frac{\sigma^2}{n}} = 27.32 \pm 1.96 \cdot \sqrt{\frac{1.6}{10}}$$

$$= 27.32 \pm 0.784 = (26.54, 28.10)$$

---

(2) 分散が未知の場合の平均の区間推定

母集団 X が $N(\mu, \sigma^2)$ に従うとき，σ^2 が未知だとしても，定理 3.10 (p.83) から

$$T = \frac{\bar{X} - \mu}{\sqrt{\frac{S^2}{n-1}}} \sim t_{n-1}\text{分布}$$

はいえます．よって，$t_n(\alpha)$ の定義 (p.82) から，

$$P(|T| < t_{n-1}(\alpha)) = 1 - \alpha$$

が成立します．この式を変形します．

$$\begin{aligned}
P(|T| < t_{n-1}(\alpha)) &= P\left(\left|\frac{\bar{X} - \mu}{\sqrt{\frac{S^2}{n-1}}}\right| < t_{n-1}(\alpha)\right) \\
&= P\left(|\bar{X} - \mu| < t_{n-1}(\alpha)\sqrt{\frac{S^2}{n-1}}\right) \\
&= P\left(\bar{X} - t_{n-1}(\alpha)\sqrt{\frac{S^2}{n-1}} < \mu < \bar{X} + t_{n-1}(\alpha)\sqrt{\frac{S^2}{n-1}}\right) \\
&= 1 - \alpha
\end{aligned}$$

上の式は，μ が，区間

$$\left(\bar{x} - t_{n-1}(\alpha)\sqrt{\frac{s^2}{n-1}},\quad \bar{x} + t_{n-1}(\alpha)\sqrt{\frac{s^2}{n-1}}\right) \tag{4.2}$$

に入る確率が $1 - \alpha$ であることを示しています．つまり，求める信頼区間は式 (4.2) です．

例題 4.8 ある正規母集団から 10 個の標本を取り出し，次のデータを得た．

27.3, 28.2, 26.8, 27.7, 25.1, 28.4, 26.3, 27.0, 29.7, 26.7

母平均 μ の 95% 信頼区間を求めよ．

■ 解 答 ■

求める信頼区間は

$$\left(\bar{x} - t_{n-1}(\alpha)\sqrt{\frac{s^2}{n-1}},\quad \bar{x} + t_{n-1}(\alpha)\sqrt{\frac{s^2}{n-1}}\right)$$

である. 今, $\bar{x} = 27.32$, $s^2 = 1.448$, $t_9(0.05) = 2.262$ なので,

$$\bar{x} \pm t_{n-1}(\alpha)\sqrt{\frac{s^2}{n-1}} = 27.32 \pm 2.262 \cdot \sqrt{\frac{1.448}{9}}$$
$$= 27.32 \pm 0.9073 = (26.41, 28.23)$$

4.4.2 分散の区間推定

母集団 X が $N(\mu, \sigma^2)$ に従っているとします. ここから標本 $x_1, x_2, \cdots, x_n$ を取り出し, これらにより σ^2 の信頼区間を求めてみます.

ここで, μ が既知の場合と未知の場合では手法が少し異なります. しかし本書では, μ が未知の場合のみを扱うことにします.

まず, 以下のような統計量を導入します.

$$Y = \frac{nS^2}{\sigma^2} \sim \chi_{n-1}^2 \text{分布}$$

この統計量 Y が χ_{n-1}^2 分布 に従うのは, 定理 3.9 (p.79) から明らかですので,

$$P\left(\chi_{n-1}^2\left(1-\frac{\alpha}{2}\right) < Y < \chi_{n-1}^2\left(\frac{\alpha}{2}\right)\right) = 1 - \alpha$$

が成立します. この式を変形します.

$$P\left(\chi_{n-1}^2\left(1-\frac{\alpha}{2}\right) < Y < \chi_{n-1}^2\left(\frac{\alpha}{2}\right)\right)$$
$$= P\left(\chi_{n-1}^2\left(1-\frac{\alpha}{2}\right) < \frac{nS^2}{\sigma^2} < \chi_{n-1}^2\left(\frac{\alpha}{2}\right)\right)$$
$$= P\left(\frac{1}{\chi_{n-1}^2(\frac{\alpha}{2})} < \frac{\sigma^2}{nS^2} < \frac{1}{\chi_{n-1}^2(1-\frac{\alpha}{2})}\right)$$
$$= P\left(\frac{nS^2}{\chi_{n-1}^2(\frac{\alpha}{2})} < \sigma^2 < \frac{nS^2}{\chi_{n-1}^2(1-\frac{\alpha}{2})}\right)$$
$$= 1 - \alpha$$

上の式は, σ^2 が, 区間

$$\left(\frac{ns^2}{\chi_{n-1}^2(\frac{\alpha}{2})}, \ \frac{ns^2}{\chi_{n-1}^2(1-\frac{\alpha}{2})}\right) \tag{4.3}$$

に入る確率が $1-\alpha$ であることを示しています．つまり，求める信頼区間は式 (4.3) です．

例題 4.9 ある正規母集団から 10 個の標本を取り出し，次のデータを得た．

$$27.3,\ 28.2,\ 26.8,\ 27.7,\ 25.1,\ 28.4,\ 26.3,\ 27.0,\ 29.7,\ 26.7$$

母分散 σ^2 の 95% 信頼区間を求めよ．

■ 解 答 ■

求める信頼区間は

$$\left(\frac{ns^2}{\chi^2_{n-1}(\frac{\alpha}{2})},\ \frac{ns^2}{\chi^2_{n-1}(1-\frac{\alpha}{2})}\right)$$

である．今，$s^2 = 1.448$, $\chi^2_9(0.975) = 2.700$, $\chi^2_9(0.025) = 19.02$ なので，

$$\left(\frac{ns^2}{\chi^2_{n-1}(\frac{\alpha}{2})},\ \frac{ns^2}{\chi^2_{n-1}(1-\frac{\alpha}{2})}\right) = \left(\frac{10 \cdot 1.448}{19.02}, \frac{10 \cdot 1.448}{2.7}\right)$$

$$= (0.761, 5.36)$$

◆◆ 第 4 章のまとめ ◆◆

本章では推定を学びました．

□ **予測**

予測とは母集団の分布を推定することです．分布の概略を仮定する場合には，標本から母集団のある特性値に対する統計量 (推定量) を作ることに帰着されます．

□ **推定量**

ある特性値を推定するために，標本から作られる統計量です．確率変数であることに注意して下さい．

□ **推定量のよさの目安**

ある特性値に対する推定量はいくつでも考えられます．推定量の良し悪しを判断する目安として，不偏性，有効性，一致性があります．

108 第4章 推　定

❏ **最尤法**

推定は推定量をどのように作るかが本質的な問題です．分布の概略を仮定する場合には，最尤法が決定版ともいえる手法です．

❏ **区間推定**

推定したい特性値が「区間 (a,b) に入る確率が $1-\alpha$ である」という形で推定する方法です．母集団が正規分布の場合の平均と分散の区間推定を学びました．

練習問題 4

4.1 X が $N(\mu, \sigma^2)$ に従うとき，U^2 は σ^2 の有効推定量であるか．

4.2 X が $N(\mu, \sigma^2)$ に従うとき，U^2 は σ^2 の不偏推定量であるが，その平方根 U は母集団の標準偏差 σ の不偏推定量であるか．

4.3 ある交差点では 1ヶ月に平均して m 件の交通事故があるとする．この交差点を nヶ月観察した．第 iヶ月目に起こった交通事故の件数を x_i とする．m の最尤推定量を求めよ．

4.4 ある池の中に何匹の魚がいるかを推定したい．今，その池から 100 匹の魚を捕まえて印を付けて再び池にはなす．次にその池から適当に 100 匹の魚を捕まえて，その中に何匹印がついているかを数える実験を行う．この実験を n 回行う．i 回目の実験で得られた値を x_i として，最尤法により池の中の魚の数を推定せよ．

4.5 あるクジの当たる確率を p とする．当たったら 10 円もらえる．はずれたら 1 円ももらえない (0 円もらえる) とする．そのクジを n 回引く．i 番目に引いたときにもらえるお金を X_i 円とおく．

(1) X_i は確率変数になる．その平均と分散を求めよ．

(2) $Y = \sum_{i=1}^{n} X_i$ とおくと，Y は確率変数になる．Y の平均と分散を求めよ．

(3) $Z = \dfrac{Y}{10n}$ とおくと，Z は p の不偏推定量になることを示せ．

(4) $W = \dfrac{1}{10n+10}(2X_1 + X_2 + \cdots + X_{n-1} + X_n)$ とおくと，W は p の不偏推定量になることを示せ．

(5) Z と W はどちらが有効かを示せ (ただし $n \geq 2$ とする).

4.6 数直線上の原点から出発し，あるクジを引き，当たりが出たら右に 1 だけ進み，ハズレが出たら左に 1 だけ進む．クジの当たる確率は p とする．以下の問に答えよ．

(1) クジを n 回引いて，当たりを引いた回数を X とおく．$P(X = x)$ を n と p を用いて表せ．

(2) クジを n 回引いた後の位置 Y を n と X を用いて表せ．

(3) $P(Y = y)$ を n と p を用いて表せ．

(4) クジを n 回引いた後の位置を調べるという実験を 1 セットとして，その実験を m セット行った．結果，それぞれの位置は $y_1, y_2, \cdots, y_m$ であった．p の最尤推定量を求めよ．

(5) (4) により求まった推定量は不偏推定量であることを示せ．

4.7 母集団 X は指数分布 $E_X(\theta)$ に従っている．ここから n 個の標本値 $x_1, x_2, \cdots, x_n$ を取り出した．θ の最尤推定量を求めよ．

4.8 $x_1, x_2, \cdots, x_n$ を次の確率密度関数をもつ分布からの標本値とする．このとき θ の最尤推定量を求めよ．

(1) $f(x) = \theta x^{\theta-1} \quad (0 < x < 1, \theta > 0)$

(2) $f(x) = \dfrac{1}{2\theta^3} x^2 e^{-\frac{x}{\theta}} \quad (x > 0, \theta > 0)$

4.9 $X_1, X_2, \cdots, X_n$ を $U(0, \theta)$ からの標本とする．

(1) $Y = \max(X_1, X_2, \cdots, X_n)$ の密度関数は
$$g(y) = \frac{n}{\theta^n} y^{n-1} \quad (0 < y < \theta)$$
であることを示せ．

(2) 次の 2 つの推定量はともに θ の不偏推定量であることを示せ．
$$\theta_1 = \frac{n+1}{n} Y, \quad \theta_2 = 2\bar{X}$$

(3) θ_1 と θ_2 はどちらが有効かを示せ．

4.10 正規母集団 $N(\mu, 0.6^2)$ から大きさ $n = 30$ の標本を取り出し，$\bar{x} = 17.78$ を得た．μ の 95% 信頼区間と 90% 信頼区間を求めよ．

4.11 正規母集団から大きさ n の標本を取り出し，$\bar{x} = 16.58$, $s^2 = 0.61$ を得た．$n = 10$ と $n = 20$ の場合にわけて，母平均の 95% 信頼区間を求めよ．

4.12 例題 4.9(p.107) において，全く同じデータがもう 10 個得られた場合の母分散 σ^2 の 95% 信頼区間を求めよ．

第5章

検　定

　初等統計学で勉強すべき事項は推定と検定です．統計学の目的から考えれば推定が本質的ですが，応用の立場からみると検定も重要です．

　統計学の目的は予測です．しかしもう一歩進めて何のために予測するかを考えてみましょう．たとえば日本人の平均の身長を予測したいとします．しかしなぜ予測したいのかを突き詰めると，実は他の国の人と比べて日本人の身長が極端に高い (あるいは低い) のかを知りたいだけということもあるのです．

　統計学の検定とは，母集団から取り出した標本を使って，その母集団に対してある判断を行うことです．多くの場合，母集団のある特性値がある値であると見なせるか，見なせないかを判断することになります．

5.1　基本的な考え方と手順

　検定とはあまり聞きなれない言葉ですが，英語でいえば test です．つまり何かを検査してなんらかの判定を行うことが検定です．

　検定には「○○の検定」という形で，さまざまな検定の対象があります．そのため検定とはこういうもの，という総称した形で述べるのは難しいのですが，多くの対象では，母集団 X についてのある特性値 θ がある値 θ_0 と見なせるか，見なせないかという形をとります．その判定のための材料として，母集団 X からの標本が利用されます．

　検定の手順は以下の 4 つのステップで行われます．これはどのような対象の検定でも同じです．

Step 1 仮説の設定

検定では 2 つの仮説を立てます. 1 つは,「特性値 θ はある値 θ_0 と見なせる」という仮説です. これを**帰無仮説** (null hypothesis) と呼び, H_0 で表します. もう 1 つは「特性値 θ はある値 θ_0 と見なせない」という仮説です. これを**対立仮説** (alternative hypothesis) と呼び, H_1 で表します. 検定では H_0 と H_1 のどちらの仮説が正しそうかを判定します.

$$\begin{cases} H_0 & \theta = \theta_0 \quad & (\theta \text{ は } \theta_0 \text{ と見なせる}) \\ H_1 & \theta \neq \theta_0 \quad & (\theta \text{ は } \theta_0 \text{ と見なせない}) \end{cases}$$

対立仮説は「特性値 θ はある値 θ_0 と見なせない」という形の他に,「特性値 θ はある値 θ_0 より大きい (小さい)」という形もあります. 前者の場合の検定を**両側検定** (two-sided test), 後者の場合の検定を**片側検定** (one-sided test) といいます. どちらを使うべきかは注意が必要です. 両者の違いは次の節で解説しますが, 本書では両側検定のみに話を限定することにします.

Step 2 統計量の導入

検定では H_0 と H_1 の仮説を立てた後に, 帰無仮説 H_0 をとりあえず正しいと仮定します. その上である統計量 T を導入します. どのような統計量を導入すればよいのかは検定の問題によって異なります.

Step 3 棄却域の算出

先の統計量 T に対して, ある低い確率 α でしか起こらないような T の範囲を求めます. 通常, この T の範囲は, 以下のような形になります.

$$T \leq a \quad \text{または} \quad T \geq b$$

この α のことを**有意水準** (level of significance), 求まった T の範囲を**棄却域** (critical region) と呼びます. 一般に検定は有意水準を 0.05 に設定します. 特に問題に指定がなければ, 有意水準は 0.05 に設定して下さい.

Step 4 判定

最後に, 実際に得られている標本の値を統計量 T に代入して, T の実現値を計算します. この値が棄却域に入っている場合は, 帰無仮説 H_0 を棄却し, 対

立仮説 H_1 を採択します．入っていない場合は対立仮説 H_1 を棄却し，帰無仮説 H_0 を採択します．

検定の基本的な考え方は，ある仮定を正しいとし，その条件下で非常に起こりづらいことが現実に起こっていた場合，先の仮定は間違っている，ということです．

まず，帰無仮説 H_0 が正しいという仮定の下で，ある統計量 T を導入します．次に実際に得られた標本から統計量 T の実現値を計算します．もしこの実現値の起こる確率が非常に低い場合は，そのような低い確率の現象が起こったことはおかしいと考え，そしてそれははじめに正しいと仮定した H_0 がおかしかったのだという考え方です．

ここで特に注意しなければならない点があります．上記の考え方だと非常に起こりづらいことが起こっていた場合，最初の「H_0 が正しい」という仮定が間違いだと判定でき，その結果，「H_1 が正しい」という結論がいえます．では非常に起こりづらいことが起こっていなかった場合，具体的には，実現値が棄却域に入っていなかった場合はどうなるのでしょうか．それは「H_0 が正しい」ということを意味しません．ある仮説を仮定して，その仮説と矛盾しない事実があるだけでは，その仮説は正しいとは結論できないのです．

たとえば，この「袋の中の玉の 99.9 % は赤球で，0.1% が白球である」という仮説を正しいと仮定して，この袋から 2 個玉を取り出し，それが両方とも赤球だからといって「袋の中の玉の 99.9 % は赤球で，0.1% が白球である」という仮説が正しいとはいえません．いえることは，『「袋の中の玉の 99.9 % は赤球で，0.1% が白球である」という仮説が正しくないとはいえない』ということです．

これは二重否定です．二重否定は論理学上では何も明言していません．つまり，検定とは帰無仮説を棄却してはじめて意味が出るのです．無に帰す仮説なので，帰無仮説なのです．

大事な点なので，具体的にまとめておきます．検定の Step 4 の判定の際に，H_1 が採択されたら，「H_1 がいえる」が結論であり，H_0 が採択されたら，「H_1 とはいえない」が結論になります．

5.2 両側検定と片側検定

両側検定とは，想定した値よりも実現値が極端に小さくなるか大きくなる場合に，最初に設定した仮説 (帰無仮説) は誤りと判断する検定です．

それに対して片側検定とは，想定した値よりも実現値が極端に大きくなる (小さくなる) 場合に限って，最初に設定した仮説 (帰無仮説) は誤りと判断する検定です．

具体的な問題が与えられたときに，両側検定で行うべきか片側検定で行うべきかは非常に微妙です．たとえば，以下のような問題を考えてみましょう．

『あるノートパソコンのバッテリーの持続時間は 2 時間とカタログに記載されていた．工場から出荷されるそのノートパソコンを 20 台取り出してバッテリーの持続時間を調べたところ，平均して 1 時間 50 分であった．このカタログの記載は間違いであるか．[*1]』

まず，問題のノートパソコンのバッテリーの持続時間は $N(\mu, \sigma^2)$ に従うとします．帰無仮説を

$$H_0 \quad \mu = 2 \qquad (\text{カタログは正しい})$$

とおくのは問題ありません．次に対立仮説として

$$H_1 \quad \mu \neq 2 \qquad (\text{カタログは誤り})$$

とおいてよいかどうかです．結論を述べれば，これは間違いです．この問題の場合は，

$$H_1 \quad \mu < 2 \qquad (\text{カタログは誤り})$$

とすべきです．なぜなら，バッテリーが極端に長持ちして 10 時間や 100 時間もったとしてもこのカタログは誤りとはいえないからです．カタログが誤りというためには，バッテリーの持続時間が 2 時間よりも小さいことを示す必要があります．

[*1] この問題は分散についての情報がないので解けません．

数学の問題というのは，数値だけが重要で問題文中の個々のものは何でもよいのが普通です．たとえば，上記の問題の「ノートパソコン」を「蛍光灯」に置き換えても，解き方は同じです．しかし，両側検定を行うか，片側検定を行うかは，常識的な判断が必要とされ，それは問題文中の個々のものに依存しています．上記の問題で，「バッテリーの持続時間」を「マウスの感度」のようなものに置き換えれば，極端に小さいものも大きいものも不具合になるので両側検定で行うべきです．

両側検定か片側検定かの判断は微妙ですので，このテキストでは両側検定に話を限定します．

5.3 平均の検定

最も簡単な検定として正規分布の平均の検定を考えてみます．

まず，母集団 X は正規分布 $N(\mu, \sigma^2)$ に従っているとします．ここでは平均 μ に関する検定を行おうとしているので，μ は当然未知です．一方，分散 σ^2 の方は未知である場合も，既知である場合もありえます．σ^2 が既知か未知かで導入する統計量が異なりますが，どちらの場合も最初に立てる仮説は以下のとおりです．

$$\begin{cases} H_0 & \mu = \mu_0 \quad (\mu \text{ は } \mu_0 \text{ と見なせる}) \\ H_1 & \mu \neq \mu_0 \quad (\mu \text{ は } \mu_0 \text{ と見なせない}) \end{cases}$$

そして，母集団 X からの標本を $X_1, X_2, \cdots, X_n$ としておきます．

5.3.1 分散が既知の場合

母集団 X の分散 σ^2 が既知の場合，導入する統計量は以下のとおりです[*1]．

$$Z = \frac{\bar{X} - \mu_0}{\sqrt{\dfrac{\sigma^2}{n}}} \sim N(0, 1)$$

$Z \sim N(0, 1)$ となっていることが重要です．$E(Z) = 0$, $V(Z) = 1$ となるの

[*1] この式は区間推定で出てきた式 (p.103) と同じです．

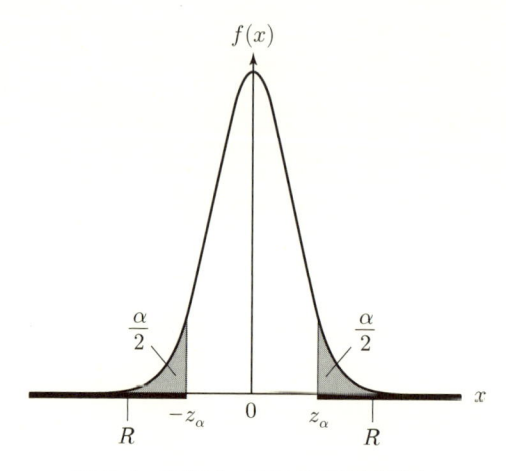

図 5.1 棄却域の設定 (標準正規分布)

は，$E(\bar{X}) = E(X) = \mu_0$，$V(\bar{X}) = \dfrac{\sigma^2}{n}$ から示せます．また，母集団 X が正規分布なので，$\bar{X}$ も正規分布になります．

有意水準を α としたとき，棄却域 R は図 5.1 に示されるとおり，

$$R = \{z \mid |z| > z_\alpha\}$$

となります．

例題 5.1 正規母集団 $N(\mu, 60)$ から大きさ $n = 50$ の標本を取り出したところその平均は 28.1 であった．$\mu = 30$ と見なしてよいかどうかを検定せよ．

■ 解 答 ■

$$\begin{cases} H_0 & \mu = \mu_0 = 30 \\ H_1 & \mu \neq \mu_0 \end{cases} \quad \begin{array}{l} (\mu は 30 と見なせる) \\ (\mu は 30 と見なせない) \end{array}$$

H_0 の仮定のもとで，

$$Z = \dfrac{\bar{X} - \mu_0}{\sqrt{\dfrac{\sigma^2}{n}}} \sim N(0, 1)$$

有意水準 $\alpha = 0.05$ とすると，棄却域 R は，

$$R = \{z \mid |z| > z_{0.05} = 1.96\}$$

実際の値は，
$$\frac{28.1 - 30}{\sqrt{\dfrac{60}{50}}} = -1.73 \notin R$$
よって，H_0 採択．よって μ は 30 と見なせないとはいえない．

例題 5.2 ある大学の野球部の男子部員 25 名の身長を調べたところ，平均 172.7 cm であった．同年代の全国の男子の身長は平均 170.8 cm，標準偏差 5.7 cm の正規分布に従っている．このとき，この野球部の男子部員の身長は平均的かどうかを検定せよ．

■ 解 答 ■

$$\begin{cases} H_0 & \mu = \mu_0 = 170.8 \quad \text{(平均的である)} \\ H_1 & \mu \neq \mu_0 \quad \text{(平均的でない)} \end{cases}$$

H_0 の仮定のもとで，
$$Z = \frac{\bar{X} - \mu_0}{\sqrt{\dfrac{\sigma^2}{n}}} \sim N(0, 1)$$

有意水準 $\alpha = 0.05$ とすると，棄却域 R は，
$$R = \{z \mid |z| > z_{0.05} = 1.96\}$$

実際の値は，
$$\frac{172.7 - 170.8}{\sqrt{\dfrac{5.7^2}{25}}} = 1.67 \notin R$$

よって，H_0 採択．よって平均的でないとはいえない．

この問題には注意が必要です．仮説で出ている μ が何の平均かが問題です．「同年代の全国の男子の身長」の平均ではありません．これは 170.8 cm とわかっています．

「平均的である」とは何を示せばよいかを考えてみましょう．「平均的である」とは取り出されたデータが「ランダムに取り出された」つまり「標本である」と見なせるということです．ですから，問題の仮説を正確に書けば，以下のようになります．

$$\begin{cases} H_0 & \text{問題の 25 名は標本と見なせる} \\ H_1 & \text{問題の 25 名は標本と見なせない} \end{cases}$$

H_0 を仮定した場合，25 名の標本平均 $\bar{X}$ は $N(\mu_0, \frac{5.7^2}{25})$ に従います．つまり上記解答の μ は「同年代の全国の男子の身長」から 25 個のデータを取り出したときのそれらの標本平均の平均を表しています．「問題の 25 名は標本と見なせる」を仮定すると $\mu = \mu_0$ となります．

5.3.2 分散が未知の場合

母集団 X の分散 σ^2 が未知の場合，導入する統計量は以下のとおりです[*1]．

$$T = \frac{\bar{X} - \mu_0}{\sqrt{\frac{S^2}{n-1}}} \sim t_{n-1} \text{分布}$$

$T \sim t_{n-1}$分布 となっていることが重要です．T が t_{n-1}分布 に従うのは，定理 3.10 (p.83) から明らかです．

有意水準を α としたとき，棄却域 R は図 5.2 に示されるとおり，

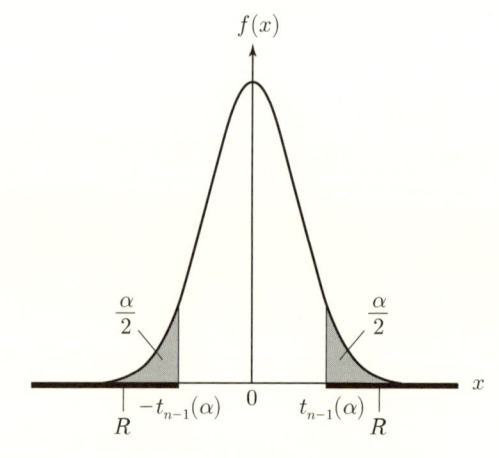

図 5.2 棄却域の設定 (t 分布)

[*1] この式は区間推定で出てきた式 (p.105) と同じです．

$$R = \{t \mid |t| > t_{n-1}(\alpha)\}$$

となります.

例題 5.3 ある溶液に含まれる物質の濃度 (%) を測定して以下のデータを得た.

22.6, 23.4, 24.1, 22.4, 21.2, 22.5, 20.9, 21.8, 21.6, 23.1

真の割合は 22 % と見なせるかどうかを検定せよ.

■ 解 答 ■

物質の濃度を測定した結果を $X(\%)$ とおくと, $X \sim N(\mu, \sigma^2)$. 真の割合は μ と見なせる. また, 上記 10 回の実験の結果から, $\bar{x} = 22.36$, $s^2 = 0.910$.

$$\begin{cases} H_0 & \mu = \mu_0 = 22 \quad \text{(真の割合は 22%と見なせる)} \\ H_1 & \mu \neq \mu_0 \quad \text{(真の割合は 22%と見なせない)} \end{cases}$$

H_0 の仮定のもとで,

$$T = \frac{\bar{X} - \mu_0}{\sqrt{\dfrac{S^2}{n-1}}} \sim t_{n-1} 分布$$

有意水準 $\alpha = 0.05$ とすると, 棄却域 R は,

$$R = \{t \mid |t| > t_{n-1}(\alpha) = t_9(0.05) = 2.262\}$$

実際の値は,

$$\frac{22.36 - 22}{\sqrt{\dfrac{0.910}{9}}} = 1.132 \notin R$$

よって, H_0 採択. よって, 真の割合は 22% と見なせないとはいえない.

5.4 分散の検定

次に正規分布の分散の検定を考えてみます.

まず, 母集団 X は正規分布 $N(\mu, \sigma^2)$ に従っているとします. ここでは分散 σ^2 に関する検定を行おうとしているので, σ^2 は当然未知です. 一方, 平均 μ の方は未知である場合も, 既知である場合もあり得ます. μ が既知か未知かで

導入する統計量が異なりますが，どちらの場合も最初に立てる仮説は以下のとおりです．

$$\begin{cases} H_0 & \sigma^2 = \sigma_0^2 & (\sigma^2 \text{ は } \sigma_0^2 \text{ と見なせる}) \\ H_1 & \sigma^2 \neq \sigma_0^2 & (\sigma^2 \text{ は } \sigma_0^2 \text{ と見なせない}) \end{cases}$$

そして母集団 X からの標本を $X_1, X_2, \cdots, X_n$ としておきます．

まず，平均が未知の場合の検定を示します．

5.4.1 平均が未知の場合

母集団 X の平均 μ が未知の場合，導入する統計量は以下のとおりです[*1]．

$$Y = \frac{nS^2}{\sigma_0^2} \sim \chi_{n-1}^2 \text{分布}$$

$Y \sim \chi_{n-1}^2$分布 が重要です．Y が χ_{n-1}^2分布 に従うのは，定理 3.9 (p.79) から明らかです．

有意水準を α としたとき，棄却域 R は図 5.3 に示されるとおり，

$$R = \left\{ y \,\middle|\, y < \chi_{n-1}^2\left(1 - \frac{\alpha}{2}\right), \quad y > \chi_{n-1}^2\left(\frac{\alpha}{2}\right) \right\}$$

となります．

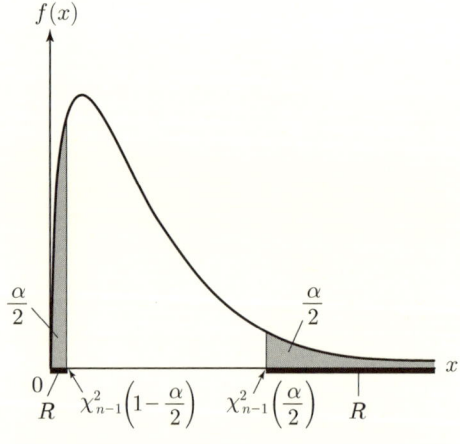

図 5.3 棄却域の設定 (χ_{n-1}^2分布)

[*1] この式は区間推定で出てきた式 (p.106) と同じです．

5.4 分散の検定

例題 5.4 ある工場ではせんべいを作っており，そのせんべいの直径のばらつきは 0.02 であるといわれている．新型の機械に変えて，作られたせんべい 10 枚を調べたところ，以下のような直径になっていた．

$$7.28, 7.33, 7.52, 7.44, 7.31, 7.41, 7.40, 7.49, 7.68, 7.34$$

新型の機械に変更したことで，せんべいの直径のばらつきに変化があったといえるか．

■ 解 答 ■

$$\begin{cases} H_0 & \sigma^2 = \sigma_0^2 = 0.02 \quad \text{（ばらつきに変化なし）} \\ H_1 & \sigma^2 \neq \sigma_0^2 \quad \text{（ばらつきに変化あり）} \end{cases}$$

H_0 の仮定のもとで，

$$Y = \frac{nS^2}{\sigma_0^2} \sim \chi_{n-1}^2 \text{分布}$$

有意水準 $\alpha = 0.05$ とすると，棄却域 R は，

$$R = \{y \,|\, y < \chi_9^2(0.975), \ y > \chi_9^2(0.025)\}$$
$$= \{y \,|\, y < 2.7, \ y > 19.023\}$$

今，$s^2 = 0.013$ なので，実際の値は，

$$\frac{10 \cdot 0.013}{0.02} = 6.5 \notin R$$

よって，H_0 採択．よってばらつきに変化があったとはいえない．

5.4.2 平均が既知の場合

母集団 X の平均 μ が既知の場合，導入する統計量は以下です．

$$Y = \frac{nS^{*2}}{\sigma_0^2} \sim \chi_n^2 \text{分布}$$

ただし

$$S^{*2} = \frac{1}{n} \sum_{i=1}^n (X_i - \mu)^2$$

です．$Y \sim \chi_n^2$ 分布 が重要です．これは，

$$\frac{X_i - \mu}{\sigma_0} \sim N(0,1)$$

であることと，χ^2分布 の定義から示せます．

平均が既知の場合の分散の検定は，平均が未知の場合と自由度が異なるだけでほとんど同じです．現実的にはこのタイプの問題は少ないので，使う統計量を示すだけにとどめておきます．

5.5　比率の検定

ある集合 (数値の集合とは限りません) A の中のある要素の割合 p が p_0 と見なせるかどうかの検定が比率の検定です．

$$\begin{cases} H_0 & p = p_0 & (p \text{ は } p_0 \text{ と見なせる}) \\ H_1 & p \neq p_0 & (p \text{ は } p_0 \text{ と見なせない}) \end{cases}$$

集合 A の各要素に対して，もしその要素が注目しているものであれば 1 を，そうでなければ 0 を対応させて作った 1 と 0 からなる集合 W を作ります．集合 A から適当に n 個の要素を取り出すとは，集合 W から n 個の標本を取り出すこととに対応します．そして，W から取り出した n 個の標本の和を X とおくと，X は確率変数になり $B(n,p)$ に従います．

n がある程度大きいとき，$B(n,p)$ は $N(np, np(1-p))$ に近似できることを定理 3.6 (p.73) により示しました．そのため，H_0 の仮定の下で，以下の統計量 Z を設定したとき，Z は $N(0,1)$ に従います．

$$Z = \frac{X - np_0}{\sqrt{np_0(1-p_0)}} \sim N(0,1)$$

ここから Z の棄却域が求まります．X の実現値とは，集合 A から適当に n 個の要素を取り出したときに，いくつ注目している要素があったかです．

例題 5.5　あるテレビ番組の視聴率を調べるために，180 人にその番組を見ているかどうか訊ねた．結果，30 人が見ていた．この番組の視聴率は 20% であるといえるか．

■ 解答 ■

$$\begin{cases} H_0 & p = p_0 = 0.20 \quad \text{(視聴率は20%)} \\ H_1 & p \neq p_0 \quad \text{(視聴率は20%ではない)} \end{cases}$$

H_0 の仮定のもとで，

$$Z = \frac{X - np_0}{\sqrt{np_0(1-p_0)}} \sim N(0.1)$$

有意水準 $\alpha = 0.05$ とすると，棄却域 R は，

$$R = \{z \mid |z| > z_{0.05} = 1.96\}$$

実際の値は，

$$\frac{30 - 180 \cdot 0.2}{\sqrt{180 \cdot 0.2 \cdot 0.8}} = -1.118 \notin R$$

よって，H_0 採択．よって視聴率は20%でないとはいえない．

5.6　2つの母集団の比較を行う検定

　これまでに行ってきた検定は母集団が1つであり，その母集団のある特性値についての検定でした．ここでは2つの母集団があり，それらの特性値の比較を行う検定を学びます．

　この場合の標本はそれぞれの母集団から取り出すことになります．

5.6.1　平均の差の検定

　2つの母集団 X_1 と X_2 があり，それぞれ $N(\mu_1, \sigma_1^2)$，$N(\mu_2, \sigma_2^2)$ に従っているとします．このとき2つの母集団の平均が等しいと見なせるかどうかの検定を行ってみます．標本は X_1 から n_1 個，X_2 から n_2 個取り出すとします．

$$\begin{cases} H_0 & \mu_1 = \mu_2 \quad \text{(平均は等しいと見なせる)} \\ H_1 & \mu_1 \neq \mu_2 \quad \text{(平均は等しいと見なせない)} \end{cases}$$

　導入すべき統計量は，わかっている条件によって異なります．大きく以下の4つの場合が存在します．

1. σ_1^2 と σ_2^2 が両方とも既知の場合
2. σ_1^2 と σ_2^2 のどちらも未知であるが、$\sigma_1^2 = \sigma_2^2$ という条件がある場合
3. σ_1^2 と σ_2^2 のどちらも未知であるが、標本数 n_1 と n_2 がともに大きい場合
4. 上記以外の場合

(1) 分散が既知の場合

X_1 および X_2 から取り出された標本から作られる標本平均 $\bar{X}_1$ と標本平均 $\bar{X}_2$ はそれぞれ $N(\mu_1, \sigma_1^2/n_1)$, $N(\mu_2, \sigma_2^2/n_2)$ に従います. 正規分布どうしの和はまた正規分布になるので, $\bar{X}_1 - \bar{X}_2$ も正規分布になります. また, $\bar{X}_1$ と $\bar{X}_2$ は独立なので, その平均と分散は明らかに

$$E(\bar{X}_1 - \bar{X}_2) = \mu_1 - \mu_2$$

$$V(\bar{X}_1 - \bar{X}_2) = \frac{\sigma_1^2}{n_1} + \frac{\sigma_2^2}{n_2}$$

となります. つまり, $\bar{X}_1 - \bar{X}_2$ は, $N\left(\mu_1 - \mu_2, \frac{\sigma_1}{n_1} + \frac{\sigma_2}{n_2}\right)$ に従います. よって, $\bar{X}_1 - \bar{X}_2$ を標準化して,

$$Z = \frac{\bar{X}_1 - \bar{X}_2 - (\mu_1 - \mu_2)}{\sqrt{\frac{\sigma_1^2}{n_1} + \frac{\sigma_2^2}{n_2}}}$$

が $N(0,1)$ に従うことがわかります. 今, H_0 を仮定すると, $\mu_1 - \mu_2 = 0$ なので,

$$Z = \frac{\bar{X}_1 - \bar{X}_2}{\sqrt{\frac{\sigma_1^2}{n_1} + \frac{\sigma_2^2}{n_2}}} \sim N(0,1)$$

がいえます. この Z が導入する統計量です.

例題 5.6 袋に粉を詰める機械が 2 台ある．経験的に詰めた粉の量の標準偏差は 20 g と 15 g であることがわかっている．今，それぞれの機械を使って 50 袋に粉を詰めたところ，一方の機械による袋の中の粉の量の平均は 2001 g であり，もう一方の機械は 1987 g であった．2 つの機械で袋に詰められる粉の量は等しいと見なせるか．

■ 解答 ■

$$\begin{cases} H_0 & \mu_1 = \mu_2 \quad \text{(詰められる粉の量は等しいと見なせる)} \\ H_1 & \mu_1 \neq \mu_2 \quad \text{(詰められる粉の量は等しいと見なせない)} \end{cases}$$

H_0 の仮定のもとで，

$$Z = \frac{\bar{X}_1 - \bar{X}_2}{\sqrt{\frac{\sigma_1^2}{n_1} + \frac{\sigma_2^2}{n_2}}} \sim N(0, 1)$$

有意水準 $\alpha = 0.05$ とすると，棄却域 R は，

$$R = \{ z \mid |z| > z_{0.05} = 1.96 \}$$

実際の値は，

$$\frac{2001 - 1987}{\sqrt{\frac{20^2}{50} + \frac{15^2}{50}}} = 3.96 \in R$$

よって，H_1 採択．よって詰められる粉の量は等しいと見なせない．

(2) 分散が等しい場合

X_1 と X_2 の分散がわかっていなくても，X_1 と X_2 が同じようなデータを扱っていれば，分散が等しい場合はよくあります．このようなときは，以下の統計量を用いて平均の差の検定が可能です．

$$T = \frac{\bar{X}_1 - \bar{X}_2 - (\mu_1 - \mu_2)}{\sqrt{\frac{n_1 S_1^2 + n_2 S_2^2}{n_1 + n_2 - 2} \left(\frac{1}{n_1} + \frac{1}{n_2} \right)}}$$

この分布は $t_{n_1+n_2-2}$ 分布に従います．これは X_1 と X_2 の分散 σ^2 が等しいときに

$$\bar{X}_1 - \bar{X}_2 \sim N\left(\mu_1 - \mu_2, \left(\frac{1}{n_1} + \frac{1}{n_2}\right)\sigma^2\right)$$

となり，σ^2 を不偏標本分散

$$U^2 = \frac{n_1 S_1^2 + n_2 S_2^2}{n_1 + n_2 - 2}$$

で推定し，定理 3.10 (p.83) を使うことで示せます．

今，H_0 を仮定すると，$\mu_1 - \mu_2 = 0$ なので，

$$T = \frac{\bar{X}_1 - \bar{X}_2}{\sqrt{\dfrac{n_1 S_1^2 + n_2 S_2^2}{n_1 + n_2 - 2}\left(\dfrac{1}{n_1} + \dfrac{1}{n_2}\right)}} \sim t_{n_1+n_2-2} \text{分布}$$

がいえます．この T が導入する統計量です．

例題 5.7 ある植物を A と B のグループにわけ，栽培を行う．グループ A には成長促進の薬を与え，グループ B には何の薬も与えなかった．結果，グループ A と B の植物の大きさに関して，以下のような表が得られた．

	平均	分散	標本数
A	168.1	8.8	10
B	164.3	10.1	8

グループ A と B の植物の大きさに関する分散は等しいと見なしてよいとする．グループ A に与えた成長促進の薬は成長になんらかの影響を与えるかどうかを検定せよ．

■ 解 答 ■

$$\begin{cases} H_0 & \mu_1 = \mu_2 \quad \text{（薬は影響を与えていない）} \\ H_1 & \mu_1 \neq \mu_2 \quad \text{（薬は影響を与えている）} \end{cases}$$

H_0 の仮定のもとで，

$$T = \frac{\bar{X}_1 - \bar{X}_2}{\sqrt{\dfrac{n_1 S_1^2 + n_2 S_2^2}{n_1 + n_2 - 2}\left(\dfrac{1}{n_1} + \dfrac{1}{n_2}\right)}} \sim t_{n_1+n_2-2} \text{分布}$$

有意水準 $\alpha = 0.05$ とすると,棄却域 R は,
$$R = \{t \mid |t| > t_{16}(0.05) = 2.120\}$$
実際の値は,
$$\frac{168.1 - 164.3}{\sqrt{\dfrac{10 \cdot 8.8 + 8 \cdot 10.1}{16}\left(\dfrac{1}{10} + \dfrac{1}{8}\right)}} = 2.466 \in R$$
よって,H_1 採択.よって成長促進の薬は成長になんらかの影響を与えている.

(3) 標本数大の場合

X_1 と X_2 の分散がわからず,両者の分散が等しいともいえない場合でも,標本数が非常に大きいとき (目安として 30 以上) には,
$$Z = \frac{\bar{X}_1 - \bar{X}_2 - (\mu_1 - \mu_2)}{\sqrt{\dfrac{S_1^2}{n_1 - 1} + \dfrac{S_2^2}{n_2 - 1}}}$$
が近似的に $N(0,1)$ に従うことを利用して平均の差の検定が可能です.

これは X_1 の分散 σ_1^2 と X_2 の分散 σ_2^2 とをそれぞれ不偏標本分散 $\dfrac{n_1}{n_1 - 1}S_1^2$ と $\dfrac{n_2}{n_2 - 1}S_2^2$ で近似することから得られます.

今,H_0 を仮定すると,$\mu_1 - \mu_2 = 0$ なので,
$$Z = \frac{\bar{X}_1 - \bar{X}_2}{\sqrt{\dfrac{S_1^2}{n_1 - 1} + \dfrac{S_2^2}{n_2 - 1}}} \sim N(0,1)$$
がいえます.この Z が導入する統計量です.

例題 5.8 2 種類のロープ A と B について,その耐久力のテストの結果は次の表のとおりであった.耐久力に差はあるといえるか.

	平均	分散	標本数
A	60.5	67.24	50
B	55.2	59.29	70

■ 解 答 ■

$$\begin{cases} H_0 & \mu_1 = \mu_2 \quad \text{(耐久力に差がない)} \\ H_1 & \mu_1 \neq \mu_2 \quad \text{(耐久力に差がある)} \end{cases}$$

H_0 の仮定のもとで,

$$Z = \frac{\bar{X}_1 - \bar{X}_2}{\sqrt{\dfrac{S_1^2}{n_1 - 1} + \dfrac{S_2^2}{n_2 - 1}}} \sim N(0, 1)$$

有意水準 $\alpha = 0.05$ とすると,棄却域 R は,

$$R = \{z \mid |z| > z_{0.05} = 1.96\}$$

実際の値は,

$$\frac{60.5 - 55.2}{\sqrt{\dfrac{67.24}{49} + \dfrac{59.29}{69}}} = 3.548 \in R$$

よって,H_1 採択.よって耐久力に差がある.

(4) それ以外の場合

X_1 と X_2 の分散がわからず,両者の分散が等しいともいえず,さらに標本数も少ない場合は,どうやって平均の差の検定を行うのでしょうか.

そのような場合には適当な統計量が見つかっていませんが,ウエルチ (Welch) の方法という近似方法があります.

かなり煩雑ですので,本書ではこの場合については扱いません.

5.6.2 分散比の検定

2 つの母集団 X_1 と X_2 があり,それぞれ $N(\mu_1, \sigma_1^2)$,$N(\mu_2, \sigma_2^2)$ に従っているとします.このとき 2 つの母集団の分散が等しいと見なせるかどうかの検定を行ってみます.標本は X_1 から n_1 個,X_2 から n_2 個取り出すとします.

5.6 2つの母集団の比較を行う検定

$$\begin{cases} H_0 & \sigma_1^2 = \sigma_2^2 \quad （分散は等しいと見なせる） \\ H_1 & \sigma_1^2 \neq \sigma_2^2 \quad （分散は等しいと見なせない） \end{cases}$$

μ_1 や μ_2 が既知かどうかで導入する統計量は異なりますが，ここでは単純に両方とも未知の場合について考えてみます．

まず，$\dfrac{n_1 S_1^2}{\sigma_1^2}$ と $\dfrac{n_2 S_2^2}{\sigma_2^2}$ はそれぞれ $\chi_{n_1-1}^2$ 分布 と $\chi_{n_2-1}^2$ 分布 に従います．よって以下の統計量 F は $F_{n_2-1}^{n_1-1}$ 分布 に従います．

$$F = \dfrac{\dfrac{n_1 S_1^2}{\sigma_1^2}}{n_1 - 1} \bigg/ \dfrac{\dfrac{n_2 S_2^2}{\sigma_2^2}}{n_2 - 1} = \dfrac{\sigma_2^2 \cdot U_1^2}{\sigma_1^2 \cdot U_2^2}$$

H_0 を仮定すると，

$$F = \dfrac{U_1^2}{U_2^2} \sim F_{n_2-1}^{n_1-1} 分布$$

がいえます．この F が導入する統計量です．

有意水準を α としたとき，棄却域 R は図 5.4 に示されるとおり，

$$R = \left\{ f \,\bigg|\, f < F_{n_2-1}^{n_1-1}\left(1 - \dfrac{\alpha}{2}\right),\ f > F_{n_2-1}^{n_1-1}\left(\dfrac{\alpha}{2}\right) \right\}$$

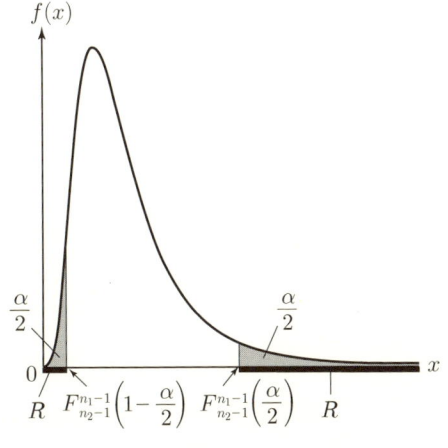

図 5.4 棄却域の設定 (F 分布)

となります.

実際の検定では, $F^{n_1-1}_{n_2-1}(1-\frac{\alpha}{2})$ と $F^{n_1-1}_{n_2-1}(\frac{\alpha}{2})$ の両方の値を求める必要はありません. 2つの母集団のどちらを X_1 にとるかは自由なので, 実際の値が $f>1$ となるように, X_1 をとれば, $f < F^{n_1-1}_{n_2-1}(1-\frac{\alpha}{2})$ でないことは明らかなので, $f > F^{n_1-1}_{n_2-1}(\frac{\alpha}{2})$ だけのチェックですみます.

例題 5.9 A 校の生徒 17 名, B 校の生徒 12 名に対して数学のテストを行った. A 校の平均は 73, 標準偏差は 27, B 校の平均は 56, 標準偏差は 14 を得た. 両校の成績のばらつきに差はあるといえるか. 有意水準 0.1 で検定せよ.

■ 解 答 ■

$$\begin{cases} H_0 & \sigma_1^2 = \sigma_2^2 \quad \text{(ばらつきに差はない)} \\ H_1 & \sigma_1^2 \neq \sigma_2^2 \quad \text{(ばらつきに差はある)} \end{cases}$$

H_0 の仮定のもとで,

$$F = \frac{U_1^2}{U_2^2} \sim F^{n_1-1}_{n_2-1} 分布$$

有意水準 $\alpha = 0.1$ とすると, 棄却域 R は,

$$R = \{f \mid f > F^{16}_{11}(0.05) = 2.70\}$$

実際の値は,

$$u_1^2 = \frac{n_1 s_1^2}{n_1 - 1} = \frac{17 \cdot 27^2}{16} = 774.6$$

$$u_2^2 = \frac{n_2 s_2^2}{n_2 - 1} = \frac{12 \cdot 14^2}{11} = 213.8$$

よって,

$$f = \frac{u_1^2}{u_2^2} = \frac{774.6}{213.8} = 3.62 \in R$$

よって, H_1 採択. よってばらつきに差はある.

5.6.3 比率の差の検定

2つの集合 A と B があり, 集合 A の中で注目している要素の割合は π_1, 集合 B の中で注目している要素の割合は π_2 とします. この π_1 と π_2 が等しいと見なせるかどうかの検定を行ってみます. 集合 A からは n_1 個の標本を取り, そ

のうち注目している要素の割合は p_1 だったとします．また，集合 B からは n_2 個の標本を取り，そのうち注目している要素の割合は p_2 だったとします．

$$\begin{cases} H_0 & \pi_1 = \pi_2 \quad \text{（比率は等しいと見なせる）} \\ H_1 & \pi_1 \neq \pi_2 \quad \text{（比率は等しいと見なせない）} \end{cases}$$

結論だけ述べると，このタイプの問題には，H_0 の仮定のもとで，

$$Z = \frac{p_1 - p_2}{\sqrt{\dfrac{p_1(1-p_1)}{n_1} + \dfrac{p_2(1-p_2)}{n_2}}}$$

が $N(0,1)$ に近似できることを用います．

例題 5.10 ある政策について男女別に意見を聞いたところ，以下の結果を得た．この政策の賛否と性別に関連はあるか．

	賛成	反対
男性	35 人	66 人
女性	44 人	50 人

■ 解 答 ■

男性に対する賛成の割合 π_1 と女性に対する賛成の割合 π_2 が等しいと見なせるかどうかを検定すればよい．

$$\begin{cases} H_0 & \pi_1 = \pi_2 \quad \text{（割合は等しい，つまり関連はない）} \\ H_1 & \pi_1 \neq \pi_2 \quad \text{（割合は等しくない，つまり関連がある）} \end{cases}$$

H_0 の仮定のもとで，

$$Z = \frac{p_1 - p_2}{\sqrt{\dfrac{p_1(1-p_1)}{n_1} + \dfrac{p_2(1-p_2)}{n_2}}} \sim N(0,1)$$

有意水準 $\alpha = 0.05$ とすると，棄却域 R は，

$$R = \{z \mid |z| > z_{0.05} = 1.96\}$$

実際の値は，

$$p_1 = \frac{35}{101} = 0.347$$

$$p_2 = \frac{44}{94} = 0.468$$

よって，

$$\frac{0.347 - 0.468}{\sqrt{\dfrac{0.347 \cdot 0.653}{101} + \dfrac{0.468 \cdot 0.532}{94}}} = -1.73 \notin R$$

よって，H_0 採択．よって関連があるとはいえない．

5.7　適合度検定

データにある確率分布をあてはめ，そのあてはめのよさを検定するのが**適合度検定** (goodness of fit test) です．

検定の仮説は以下の形になります．○○の部分は問題に応じて，適当に埋めて下さい．これはこれまでの検定の仮説の形ではないので注意が必要です．

$$\begin{cases} H_0 & \text{○○の確率分布へのあてはめはよい} \\ H_1 & \text{○○の確率分布へのあてはめは悪い} \end{cases}$$

この検定の問題に対して，標本はもとのデータに対応します．

また，想定した確率分布には，ある確率変数 X が対応しています．X のとり得る値を $x_1, x_2, \cdots, x_k$ としておきます．データも $x_1, x_2, \cdots, x_k$ のどれかになっていることに注意して下さい．次に，x_j に対するデータの頻度を f_j とします．そしてデータ全体の個数を n とおくと，x_j に対するデータの頻度の期待値は $n \cdot P(X = x_j)$ になります．ここで $n \cdot P(X = x_j) = e_j$ とおいておきます．そして以下の統計量を考えます．

$$Y = \sum_{j=1}^{k} \frac{(f_j - e_j)^2}{e_j} \sim \chi^2_{k-r-1} \text{分布}$$

この統計量 Y は H_0 の仮定があると，近似的に χ^2_{k-r-1} 分布に従うことがわかっています．ここで r が問題です．r は想定した確率分布の式がもつパラメータの数です．これらのパラメータは標本からの推定値を使います．

また，棄却域に関しても注意して下さい．実際の値は小さいほどあてはめがよいことを表しますので，棄却粋は片側になります（図 5.5 参照）．

5.7 適合度検定

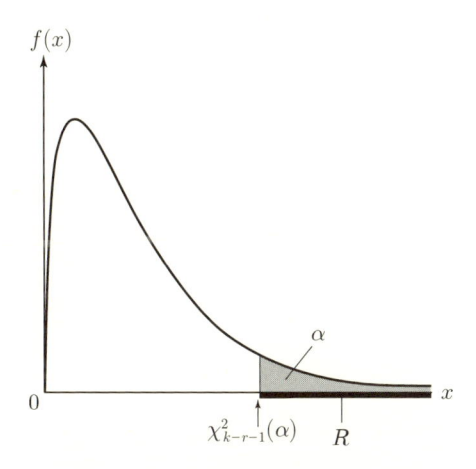

図 5.5 棄却域の設定 (適合度検定)

5.7.1 $r=0$ の場合のあてはめ

まず，想定する確率分布のパラメータがない場合 $(r=0)$ を扱います．

ある集合の要素は n 個の排反なクラス $A_1, A_2, \cdots, A_n$ から構成されているとし，それぞれのクラスの全体に対する割合を $p_1, p_2, \cdots, p_n$ とします．

$A_1, A_2, \cdots, A_n$ がある数値に対応するとき，$X = \{A_1, A_2, \cdots, A_n\}$ とすれば，X は確率変数になり，$P(X = A_i) = p_i$ はその分布を表します．データがこの分布にあてはまるかどうかを検定します．

例題 5.11 サイコロを 100 回振り，出た目の数は以下のとおりであった．これは公正なサイコロといえるか．

出た目	1	2	3	4	5	6
回 数	22	14	11	16	13	24

■ 解答 ■

各目の出る確率が $p_i = 1/6$ と見なせるとき，公正なサイコロといえる．この p_i に実験結果があてはまるかどうかを検定する．

$$\begin{cases} H_0 & p_i \text{のあてはめはよい (公正である)} \\ H_1 & p_i \text{のあてはめは悪い (公正でない)} \end{cases}$$

H_0 の仮定のもとで,

$$X = \sum_{i=1}^{6} \frac{(X_i - p_i N)^2}{p_i N} \sim \chi_{6-1}^2 \text{分布} = \chi_5^2 \text{分布}$$

有意水準 $\alpha = 0.05$ とすると,棄却域 R は,

$$R = \{x \mid x > \chi_5^2(0.05) = 11.07\}$$

実際の値は,

$$\begin{aligned} X &= \sum_{i=1}^{6} \frac{(x_i - p_i 100)^2}{p_i 100} \\ &= \frac{(22 - 100/6)^2}{100/6} + \frac{(14 - 100/6)^2}{100/6} + \frac{(11 - 100/6)^2}{100/6} \\ &\quad + \frac{(16 - 100/6)^2}{100/6} + \frac{(13 - 100/6)^2}{100/6} + \frac{(24 - 100/6)^2}{100/6} \\ &= \frac{1}{6 \cdot 100} \{(132 - 100)^2 + (84 - 100)^2 + (66 - 100)^2 \\ &\quad + (96 - 100)^2 + (78 - 100)^2 + (144 - 100)^2 \} \\ &= \frac{1024 + 256 + 1156 + 16 + 484 + 1936}{600} = 6.385 \notin R \end{aligned}$$

よって,H_0 採択. よって公正でないとはいえない.

$r = 0$ 以外の適合度検定については,次章で行う独立性の検定だけにとどめます. 一般のケースは少し複雑ですので,このテキストでは扱いません.

5.7.2 独立性の検定

独立性の検定は適合度検定の特殊ケースです.

ある事例をある観点 A で見ると,$A_1, A_2, \cdots, A_m$ の m 種類に分類できるとします. また別の観点 B で見ると,$B_1, B_2, \cdots, B_n$ の n 種類に分類できるとします. たとえば,人間を性別という観点で見れば,男性と女性の 2 種類に分類できますし,血液型という観点で見れば,A,B,O,AB の 4 種類に分類できます.

独立性の検定とは観点 A と観点 B が独立した観点であるかどうかを判定す

る検定です．たとえば，性別と血液型は「男性だから A 型が多い」などといった関係はないので観点 A と B は独立と考えられます．また，観点 C として神経質かどうかを考えた場合，A 型の人は神経質な人が多そうなので，観点 B と C は独立ではないと思われます．

独立性の検定では，仮説は以下の形をとります．

$$\begin{cases} H_0 & \text{観点 } A \text{ と } B \text{ は独立である} \\ H_1 & \text{観点 } A \text{ と } B \text{ は独立ではない} \end{cases}$$

N 個の事例をもってきて，A の観点が A_i で，B の観点が B_j であるような事例の数 x_{ij} を数えます．その結果は表 5.1 のような表にまとまります．この表は**分割表** (contingency table) と呼ばれます．

表 5.1 分割表

	B_1	B_2	$\cdots$	B_n	計
A_1	x_{11}	x_{12}	$\cdots$	x_{1n}	a_1
A_2	x_{21}	x_{22}	$\cdots$	x_{2n}	a_2
$\cdots$	$\cdots$	$\cdots$	$\cdots$	$\cdots$	$\cdots$
A_m	x_{m1}	x_{m2}	$\cdots$	x_{mn}	a_m
計	b_1	b_2	$\cdots$	b_n	N

観点 A で見た場合 A_i になる確率を p_i とおき，観点 B で見た場合 B_j になる確率を q_j とおきます．H_0 を仮定すると，x_{ij} の期待値は $p_i q_j N$ となるので，適合度検定と同様にして，以下の統計量を用いて検定を行うことができます．

$$X = \frac{(X_{11} - p_1 q_1 N)^2}{p_1 q_1 N} + \frac{(X_{12} - p_1 q_2 N)^2}{p_1 q_2 N} + \cdots + \frac{(X_{mn} - p_m q_n N)^2}{p_m q_n N}$$

$$= \sum_{i=1}^{m} \sum_{j=1}^{n} \frac{(X_{ij} - p_i q_j N)^2}{p_i q_j N}$$

ここで X_{ij} は x_{ij} を確率変数と見なしたものです．また，p_i と q_j は実際に未知ですが，$p_i = a_i/N$，$q_j = b_j/N$ と近似します．結局，以下の統計量を用います．この統計量は近似的に $\chi^2_{(m-1)(n-1)}$ 分布に従います．

$$X = \sum_{i=1}^{m}\sum_{j=1}^{n} \frac{(X_{ij} - a_i b_j/N)^2}{a_i b_j/N} \sim \chi^2_{(m-1)(n-1)} 分布$$

自由度については注意して下さい．適合度検定で述べたように，自由度は $k-r-1$ です．この場合 $k=mn$ です．そして r は，観点 A に関して $m-1$ 個の推定値を使い，観点 B に関して $n-1$ 個の推定値を使ったので[*1]，それらを足した値 $m+n-2$ です．このため自由度は

$$mn - (m+n-2) - 1 = mn - m - n + 1 = (m-1)(n-1)$$

となります．

また，この場合も，棄却域は片側になります．

$$R = \{x \mid x > \chi^2_{(m-1)(n-1)}(\alpha)\}$$

例題 5.12 A 市, B 市, C 市に住む高校1年生，300 人，235 人，165 人を適当に選び，クラブに属しているかどうかを調べたところ以下の結果を得た．A 市，B 市，C 市のどこ住んでいるかとクラブに属しているかどうかは関連あるかどうか検定せよ．

	クラブに属する	クラブに属さない	計
A 市	165	135	300
B 市	145	90	235
C 市	110	55	165
計	420	280	700

■ 解 答 ■

2 つの観点として，住んでいる市，クラブに属するかどうか，をとる．この 2 つの観点の独立性を検定すればよい．

$$\begin{cases} H_0 & 住んでいる市とクラブに属するかどうかは独立である \\ H_1 & 住んでいる市とクラブに属するかどうかは独立でない \end{cases}$$

[*1] 観点 A に関して m 個の推定値を使っているようですが，確率はすべて足すと 1 という条件があるので，実際は m 番目の値はその他のものから求まります．ですから使っている推定値の個数は $m-1$ 個です．観点 B に関しても同様です．

H_0 の仮定のもとで，

$$X = \sum_{i=1}^{m}\sum_{j=1}^{n}\frac{(X_{ij}-p_iq_jN)^2}{p_iq_jN} \sim \chi_2^2 \text{分布}$$

有意水準 $\alpha = 0.05$ とすると，棄却域 R は，

$$R = \{x \,|\, x > \chi_2^2(0.05) = 5.99\}$$

今，$p_1 = 300/700$, $p_2 = 235/700$, $p_3 = 165/700$, $q_1 = 420/700$, $q_2 = 280/700$. 実際の値は，

$$\begin{aligned}
X &= \sum_{i=1}^{3}\sum_{j=1}^{2}\frac{(x_{ij}-p_iq_jN)^2}{p_iq_jN}\\
&= \frac{(165-\frac{300}{700}\cdot\frac{420}{700}\cdot 700)^2}{\frac{300}{700}\cdot\frac{420}{700}\cdot 700} + \frac{(135-\frac{300}{700}\cdot\frac{280}{700}\cdot 700)^2}{\frac{300}{700}\cdot\frac{280}{700}\cdot 700} + \frac{(145-\frac{235}{700}\cdot\frac{420}{700}\cdot 700)^2}{\frac{235}{700}\cdot\frac{420}{700}\cdot 700}\\
&\quad + \frac{(90-\frac{235}{700}\cdot\frac{280}{700}\cdot 700)^2}{\frac{235}{700}\cdot\frac{280}{700}\cdot 700} + \frac{(110-\frac{165}{700}\cdot\frac{420}{700}\cdot 700)^2}{\frac{165}{700}\cdot\frac{420}{700}\cdot 700} + \frac{(55-\frac{165}{700}\cdot\frac{280}{700}\cdot 700)^2}{\frac{165}{700}\cdot\frac{280}{700}\cdot 700}\\
&= \frac{(165-180)^2}{180} + \frac{(135-120)^2}{120} + \frac{(145-141)^2}{141}\\
&\quad + \frac{(90-94)^2}{94} + \frac{(110-99)^2}{99} + \frac{(55-66)^2}{66}\\
&= \frac{225}{180} + \frac{225}{120} + \frac{16}{141} + \frac{16}{94} + \frac{121}{99} + \frac{121}{66}\\
&= 1.250 + 1.875 + 0.113 + 0.170 + 1.222 + 1.833 = 6.463 \in R
\end{aligned}$$

よって，H_1 採択．よって住んでいる市とクラブに属するかどうかは独立でない．

5.7.3　2 × 2 分割表からの独立性の検定

観点 A は A_1, A_2 の2種類の値しかとらず，観点 B も B_1, B_2 の2種類の値しかとらないという設定で，観点 A と観点 B の独立性の検定を行ってみます．

当然，これは前項で行った独立性の検定の特殊ケースになっていますが，現実の問題ではこの形が多いので，ここで項をとって説明します．

分割表は表 5.2 のような 2 × 2 になります．

表 5.2 2×2 分割表

	B_1	B_2	計
A_1	a	b	$a+b$
A_2	c	d	$c+d$
計	$a+c$	$b+d$	n

導入する統計量も先ほどと同じです．

$$Y = \sum_{i=1}^{2}\sum_{j=1}^{2}\frac{(X_{ij}-a_ib_j/n)^2}{a_ib_j/n} \sim \chi^2_{(2-1)(2-1)}\text{分布} = \chi^2_1\text{分布}$$

ただし，$a_1 = \dfrac{a+b}{n}$, $a_2 = \dfrac{c+d}{n}$, $b_1 = \dfrac{a+c}{n}$, $b_2 = \dfrac{b+d}{n}$ および，$n=a+b+c+d$ の関係から，上の式の右辺は以下のように簡単になります．

$$\sum_{i=1}^{2}\sum_{j=1}^{2}\frac{(x_{ij}-a_ib_j/n)^2}{a_ib_j/n}$$

$$= \frac{(a-(a+b)(a+c)/n)^2}{(a+b)(a+c)/n} + \frac{(b-(a+b)(b+d)/n)^2}{(a+b)(b+d)/n}$$

$$+ \frac{(c-(c+d)(a+c)/n)^2}{(c+d)(a+c)/n} + \frac{(d-(c+d)(b+d)/n)^2}{(c+d)(b+d)/n}$$

$$= \frac{(na-(a+b)(a+c))^2}{n(a+b)(a+c)} + \frac{(nb-(a+b)(b+d))^2}{n(a+b)(b+d)}$$

$$+ \frac{(nc-(c+d)(a+c))^2}{n(c+d)(a+c)} + \frac{(nd-(c+d)(b+d))^2}{n(c+d)(b+d)}$$

$$= \frac{(ad-bc)^2}{n(a+b)(a+c)} + \frac{(bc-ad)^2}{n(a+b)(b+d)}$$

$$+ \frac{(bc-ad)^2}{n(c+d)(a+c)} + \frac{(ad-bc)^2}{n(c+d)(b+d)}$$

$$= \frac{\{(b+d+a+c)(c+d)+(a+b)(b+d+a+c)\}(ad-bc)^2}{n(a+b)(b+d)(a+c)(c+d)}$$

5.7 適合度検定

$$= \frac{n(c+d+a+b)(ad-bc)^2}{n(a+b)(b+d)(a+c)(c+d)}$$

$$= \frac{n(ad-bc)^2}{(a+b)(b+d)(a+c)(c+d)} \sim \chi_1^2 \text{分布}$$

例題 5.13 ある政策について男女別に意見を聞いたところ，以下の結果を得た．この政策の賛否と性別に関連はあるか (これは例題 5.10 (p.131) と同じ問題である).

	賛成	反対
男性	35 人	66 人
女性	44 人	50 人

■ 解 答 ■

性別と賛否が独立の観点かどうかを検定すればよい．

$$\begin{cases} H_0 & \text{性別と賛否は独立，すなわち関連はない} \\ H_1 & \text{性別と賛否は独立でない，すなわち関連はある} \end{cases}$$

H_0 の仮定のもとで

$$Y = \frac{n(ad-bc)^2}{(a+b)(b+d)(a+c)(c+d)} \sim \chi_1^2 \text{分布}$$

有意水準 $\alpha = 0.05$ とすると，棄却域 R は，

$$R = \{x \mid x > \chi_1^2(0.05) = 3.84\}$$

実際の値は

$$x = \frac{195(35 \cdot 50 - 66 \cdot 44)^2}{(35+66)(66+50)(35+44)(44+50)}$$

$$= \frac{195 \cdot 1331716}{101 \cdot 116 \cdot 79 \cdot 94}$$

$$= 2.98 \notin R$$

よって，H_0 採択．よって性別と賛否は独立でないとはいえない (関連あるとはいえない).

◆◆ 第 5 章のまとめ ◆◆

本章では検定を学びました．

☐ **検定の手順**

さまざまな検定の対象がありますが，検定の手順は同じです．Step1 仮説の設定，Step2 統計量の導入，Step3 棄却域の設定，Step4 判定です．

☐ **両側検定と片側検定**

どちらを使うかは微妙です．このテキストでは両側検定に限りました．

☐ **検定の結論**

実際の値が棄却域に入ったら対立仮説 H_1 を採択，入らなければ帰無仮説 H_0 を採択します．帰無仮説が採択された場合の結論は，二重否定なので何も明言していません．

☐ **正規母集団に対する検定**

平均と分散の検定を行いました．平均の検定の場合，分散が既知か未知かで導入する統計量が異なります．また，分散の検定の場合も，平均が既知か未知かで導入する統計量が異なります．

☐ **比率の検定**

ある集合の中のある種類のものの割合に関する検定も行いました．

☐ **母集団が 2 つある場合の検定**

2 つの母集団の平均や分散や比率が同じと見なせるがどうかの検定を行いました．平均や比率の場合，差をとって 0 かどうかで同じかどうかを判断します．分散の場合，比をとって 1 かどうかで同じかどうかを判断します．

☐ **適合度検定**

母集団の分布を仮定して，それが標本と適合しているかどうかの検定です．パラメータがない場合の単純なケースと独立性の検定を扱いました．

☐ **分割表による独立性の検定**

適合度検定の一種です．ある観点が独立かどうかを検定します．

練習問題 5

5.1 例題 5.2 (p.117) において有意水準を $\alpha = 0.10$ にとった場合の結論はどうなるか.

5.2 ある工場では電子部品を作っている. 過去の経験では作られた電子部品 1 セット内の不良率は平均 0.01 の正規分布に従っている. 今, 製造方法を変えて, 26 セットの標本について調べると, 不良率の平均は 0.0075 に下がっていた. また, 標本分散は $s^2 = 0.00022$ であった. 製造方法を変えたことは不良率を変化させることに影響をおよぼしたといえるか.

5.3 あるクジを 100 本引いたところ 10 本が当たりであった. このクジの当たる確率を 0.15 と見なしてよいか.

5.4 A 校と B 校があるテストを受けた. 両校から適当に数名選び, その偏差値を調べたところ, 下の表のような結果を得た. 両校の成績に差はあるといえるか. ただし, A 校も B 校も偏差値の分布は正規分布に従っており, 分散は 100 と仮定する.

	平均	標本数
A 校	54.1	12
B 校	51.1	20

5.5 ある学年で知能指数を測定した. 男女それぞれ 21 人を適当に選び, その点数を調べたところ, 男子学生の平均は 104.1, 分散は 14^2 であり, 女子学生の平均は 101.3, 分散は 12^2 であった. 知能指数は男女で差ありといえるか. ただし, 男女の知能指数の分布は正規分布に従っており, しかも両者の分散は等しいとする.

5.6 営業マン A 氏と B 氏の月の売り上げは正規分布に従っているとする. 4 年間 (48ヶ月) の両氏の売り上げの結果は以下のとおりであった. A 氏と B 氏の営業の力に差はあるといえるか.

	平均	標準偏差
A 氏	568 (万円)	90
B 氏	611 (万円)	80

5.7 ある部品を製造する機械が 2 つある．製造された部品のサイズは正規分布に従っているとする．今，一方の機械から製造された部品 17 点を調べるとサイズの標本分散は 12.5 であった．もう一方の機械から製造された部品 21 点を調べるとサイズの標本分散は 8.0 であった．サイズのばらつきは 2 つの機械で差があるかどうかを有意水準 0.1 で検定せよ．

5.8 あるクジ A を 40 本買ったら，5 本当たった．クジ B を 50 本買ったら 3 本当たった．クジ A とクジ B の当たる確率は同じと見なせるか．

5.9 メンデルの法則によれば，ある草花の遺伝子形質は 3 : 2 : 2 : 1 の割合で生じることが理論的にわかっている．今，この草花 200 本の調査をしたところ，70 : 55 : 48 : 27 であった．この結果はメンデルの法則を支持しているといえるか．

5.10 パチンコ店，スーパー，レストランの駐車場で，100 台，80 台，70 台の車を適当に選び，それらの車が 3 ナンバー車か 5 ナンバー車かを調べたところ下の表のような結果を得た．お店の種類と駐車場の車の車種 (3 ナンバーか 5 ナンバー) に関連があるかどうかを検定せよ．

	3 ナンバー	5 ナンバー	計
パチンコ店	35	65	100
デパート	38	42	80
スーパー	20	50	70
計	93	157	250

5.11 ある薬を飲んで病気が治った人と治らなかった人，また，その薬を飲まなくて治った人と治らなかった人について以下のようなデータが得られた．この薬はその病気を直すことに影響を与えているといえるか．

	治った	治らない
薬飲む	68 人	19 人
薬飲まない	56 人	34 人

第 6 章
モデル推定とモデル選択

本章では初等統計学の応用としてモデル推定とモデル選択について学びます．
統計学上のさまざまな問題は，その問題をモデル推定やモデル選択という枠組みでとらえなおすことで，より明確になります．

本章ではモデル推定の考え方と，その基本となるモデル間の距離である KL 情報量について学びます．また，モデル選択については情報量規準を導入し，前章で行った検定の一部をモデル選択という枠組みで解いてみます．

6.1　確率モデルとは

モデルとは模型のことですが，模型のもとになる物は具体的な物体である必要はありません．ここではある現象を生じさせているメカニズムを考えます．このメカニズムを確率という道具で説明するのが**確率モデル** (probabilistic model) です．

たとえば，サイコロを振って出る目を考えてみます．サイコロを振る人がある箱に入っていて，箱の外の人があるボタンを押したら，箱の中の人がサイコロを振って，その出た目の数値を画面に出すことにします（図 6.1 参照）．これは 1 人でサイコロを振るのとなんら変わらない実験ですが，事情を知らない人がこの光景を見たら，この箱は，ボタンを押したら，画面に 1 から 6 のどれかの整数値を表示するマシンだと思うでしょう．そしてそのマシンがどのようにして 1 から 6 の数値を選択して表示するかを説明するメカニズムを，ある規則で説明しようとしたとき，その規則がそのマシンのモデルとなります．たとえばある人は「1, 2, 3, 4, 5, 6 と，この順に繰り返し表示される」などという規則をいったとします．これも立派なモデルです．しかし，そのモデルはその

144　第6章　モデル推定とモデル選択

ボタンを押すと1から6のいずれかの数字が表示される．そのメカニズムは？

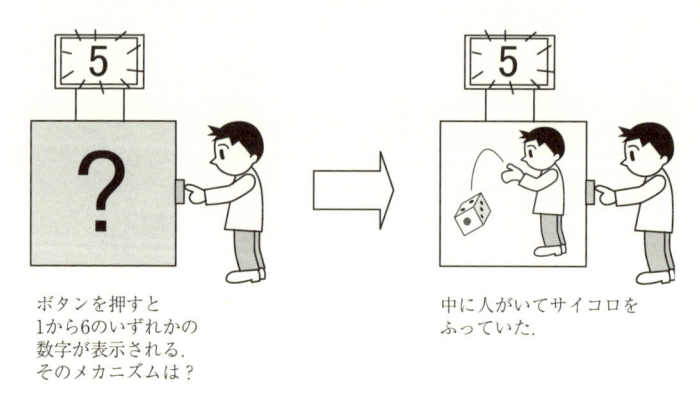

中に人がいてサイコロをふっていた．

図 6.1　非決定的なメカニズム

マシンのメカニズムをうまく説明できてはいないでしょう．そのモデルとは合わない現象が多数出現するからです．

　実際は，そのマシンから次に何の目が出るかはわからないので，メカニズムを決定的な規則で書くことはできません．ただし，多数回そのマシンを動かしてみると，全く何の規則もないわけではありません．おそらく各目の出た総回数はおおよそ等しいはずです．そこで確率を用いて，そのメカニズムを説明しようとするのが，確率モデルです．このマシンのメカニズムの場合であれば，「1から6のどれかの整数値が表示され，各数値の表示される確率は1/6である」などと説明するのが確率モデルです．

　あるメカニズムが決定的な規則で書けない場合に，確率を用いてそのメカニズムを説明しようとするのが確率モデルです．具体的には，そのメカニズムに対して，ある確率変数を導入します．そして，その確率変数の確率分布が確率モデルになります．

6.2　モデル間の距離

　確率モデルはメカニズムを説明する規則に対応します．真の確率モデルが存在するのかどうかは難しい問題ですが，とりあえず真の確率モデル p が存在すると考えます．私たちが求めたいものは p ですが，実際に p を得ることは難しく，p の近似 q が得られるだけです．その際，q がどの程度 p と近いかを測る尺

6.2 モデル間の距離

度があれば，いろいろな面で便利です．

そこで 2 つの確率モデル p と q の間の距離として**カルバック-ライブラー情報量** (Kullback-Leibler's information, KL 情報量) が以下のように定義されています．

確率モデルを作る際に導入した確率変数 X が離散型で，$X = \{x_1, x_2, \cdots, x_n\}$ とします．確率モデル p は X 上の確率分布を表します．そこで，p の分布を $P(X = x_i) = p_i$ とします．同様にして，q の分布を $P(X = x_i) = q_i$ とします．そして，p から見た q の距離 $I(p;q)$ を以下のように定義します．

$$I(p;q) = \sum_{i=1}^{n} p_i \log \frac{p_i}{q_i}$$

この $I(p;q)$ が KL 情報量です．

ここで，$I(p;q) \neq I(q;p)$ であることに注意して下さい．KL 情報量はモデル間の距離を表しますが，厳密には距離になっていません．距離であれば $I(p;q) = I(q;p)$ のはずですが，この等式は一般には成立しません．真のモデルが p で，我々が想定するモデルが q です．順序が大事です．

また，KL 情報量については以下の 2 つの性質があります．

定理 6.1　(1)　$I(p;q) \geq 0$

(2)　$I(p;q) = 0 \Leftrightarrow p_i = q_i \quad (i = 1, 2, \cdots, n)$

【証明】

(1) $x > 0$ において，$f(x) = \log x - x + 1$ という関数を定義する．$f'(x) = \dfrac{1}{x} - 1$ より $f(x)$ の増減表は以下のようになる．

x	$\cdots$	1	$\cdots$
f'	$+$	0	$-$
f	↗	0	↘

よって，$x > 0$ の範囲で $\log x \leq x - 1$ が成立し，等号は $x = 1$ のときのみ成立する．今，$x = q_i/p_i$ とおくと，

$$\log \frac{q_i}{p_i} \leq \frac{q_i}{p_i} - 1 \quad (i = 1, \cdots, n)$$

が成立するので，

$$p_i \log \frac{q_i}{p_i} \leq q_i - p_i \quad (i = 1, \cdots, n)$$

も成立する．上の式で各 i について総和をとると，

$$\text{左辺} = \sum_{i=1}^{n} p_i \log \frac{q_i}{p_i} = -I(p; q)$$

$$\text{右辺} = \sum_{i=1}^{n} (q_i - p_i) = 1 - 1 = 0$$

以上より，$-I(p; q) \leq 0$．すなわち，$I(p; q) \geq 0$．

(2) $\Leftarrow$ は明らかなので $\Rightarrow$ のみ示す．$I(p; q) = 0$ が成立しているときに，ある k について $p_k \neq q_k$ であったとする．$\log x \leq x - 1$ の等号は $x = 1$ のときのみで成立するので，

$$p_k \log \frac{q_k}{p_k} < q_k - p_k$$

よって，(1) の証明中で各 i について総和をとった際に，$I(p; q) > 0$ が導かれるので矛盾が生じる．したがって背理法より $\Rightarrow$ が示された．∎

例題 6.1 ある野球チームの勝率を A さんは 0.3，B さんは 0.5 と予想した．実際に全試合が終了した後にその野球チーム勝率は 0.4 であった．どちらの予想がより正しかったといえるかを KL 情報量を用いて示せ．

■ 解 答 ■

予想した勝つ確率を q_1，負ける確率を $q_2 (= 1 - q_1)$ とおく．A さんのモデル q_A は $q_1 = 0.3, q_2 = 0.7$ であり，B さんのモデル q_B は $q_1 = 0.5, q_2 = 0.5$ である．また真のモデル p は $q_1 = 0.4, q_2 = 0.6$ と見なせる．

$$I(p; q_A) = 0.4 \log \frac{0.4}{0.3} + 0.6 \log \frac{0.6}{0.7} = 0.02258$$

$$I(p; q_B) = 0.4 \log \frac{0.4}{0.5} + 0.6 \log \frac{0.6}{0.5} = 0.02013$$

以上より，$I(p; q_B) < I(p; q_A)$．すなわち B さんのモデルの方がより真のモデルに近いので，B さんの予測の方がより正しかったといえる．

上記までは，確率モデルを作る際に導入した確率変数 X が離散型確率変数でした．連続型確率変数の場合，p の確率密度関数を $g(x)$，q の確率密度関数を $f(x)$ として，p からみた q の KL 情報量 $I(p;q)$ は以下のように定義されます．

$$I(p;q) = \int \log\left(\frac{g(x)}{f(x)}\right) g(x) dx$$

先の定理 6.1 と同様にして，連続型の場合も以下の性質があります．

定理 6.2 (1) $I(p;q) \geq 0$
(2) $I(p;q) = 0 \Leftrightarrow g(x) = f(x)$ (a.e.)

---

a.e. は almost everywhere の略で，ほとんどいたるところの点 x において $g(x) = f(x)$ という意味です．厳密には，測度 0 の集合部分を除いたところで $g(x) = f(x)$ という意味です．関数 g と関数 f が全く等しいということではないのですが，大雑把には同じとイメージしておいてよいと思います．

6.3　モデル推定からの最尤法

本テキストの第 4 章で推定を説明しました．そこでは，まず母集団の分布を仮定して，母集団の確率分布のパラメータを母集団から得た標本を使って推定しました．その推定の手法として最尤法を用いました．最尤法の基本的なアイデアは，標本を取ったときに，それら標本を取る確率が最も大きかったから，それらの標本が取られたと考えることです．これによって確率分布のパラメータが推定できます．本節ではモデルの距離の観点からパラメータを推定することを行います．

今，$X = \{x_1, x_2, \cdots, x_m\}$ を離散型確率変数とします．X の真の分布 p を $P(X = x_i) = p_i$ とします．X はある試行の結果に対応しているので，x_i に対応する結果 (事象) を ω_i とします．X から標本を取るとは，X に対応する試行を行ってみることです．n 回の試行を行って，ω_i が n_i 回生じたとします．このとき $\sum_{i=1}^{m} n_i = n$ です．ここでこれらの標本からモデル q を作成することを考えます．モデル q の作成とは $P(X = x_i) = q_i$ を得ることです．どのように q を

作成するかが問題です．

　ここで，真のモデル p と推定したモデル q の距離を測ってみます．

$$I(p;q) = \sum_{i=1}^{m} p_i \log \frac{p_i}{q_i} = \sum_{i=1}^{m} p_i \log p_i - \sum_{i=1}^{m} p_i \log q_i$$

$I(p;q)$ が最小になるように q_i を設定すればよいはずです．$\sum_{i=1}^{m} p_i \log p_i$ の部分は定数なので，$-\sum_{i=1}^{m} p_i \log q_i$ の部分が最小，つまり，

$$\sum_{i=1}^{m} p_i \log q_i \tag{6.1}$$

を最大にするように q_i を決めればよいことがわかります．ただし，このままでは p_i が未知なので導けず，工夫が必要です．

　そこで，X に対応する試行を行って ω_i が生じたときに $\log q_i$ の値をとる確率変数 Y を考えます．すると $P(Y = \log q_i) = p_i$ なので，$E(Y) = \sum_{i=1}^{m} p_i \log q_i$ となっています．つまり，式 (6.1) は $E(Y)$ です．次に大数の法則を利用すれば，

$$\frac{1}{n} \sum_{i=1}^{n} \log q_{x_i} \tag{6.2}$$

は $n \to \infty$ のとき $E(Y)$ に収束することが示せます．

　今，X から取り出した n 個の標本は，Y から取り出した n 個の標本としても見なせます．そのとき，$\log q_i$ の値をとったものは n_i 個あったので，式 (6.2) は以下の式に変形できます．

$$\frac{1}{n} \sum_{i=1}^{m} n_i \log q_i \tag{6.3}$$

q は $E(Y)$ を最大にするように設定すればよく，標本数 n が十分大きいとき，$E(Y)$ は式 (6.3) に近似できるので，結局，

$$\sum_{i=1}^{m} n_i \log q_i \tag{6.4}$$

を最大にするように q_i を決めればよいことがわかります．式 (6.4) はモデル q の**対数尤度**と呼ばれます．結局，対数尤度の大きなモデルほどよいモデルであるといえます．

今，母集団 X の分布の概略はわかっており，分布の式の中のいくつかのパラメータの値がわかっていないとします．第 4 章では，このような状況で X からの標本をもとにパラメータ値を推定する方法として最尤法を学びました．ここでは「対数尤度の大きなモデルほどよいモデル」という原理から，パラメータを推定することを行ってみます．

例題 6.2 あるクジの当たる確率を θ とする．そのクジを n 本引いたとき，m 本が当たりであった．

(1) θ の推定値を最尤法により求めよ (最尤推定値を求めよ)．
(2) θ の推定値を「対数尤度の大きなモデルほどよいモデル」という原理から求めよ．

■ 解 答 ■

(1) 問題のクジで当たりを引けば 1，ハズレを引けば 0 となるような確率変数 X を考える．X は 01 分布に従い，$P(X=1) = \theta$ である．また $P(X=x) = \theta^x (1-\theta)^{1-x}$ の関係もある．今，第 i 回目に引いたクジの結果を x_i とすると，尤度関数 $L(\theta)$ は以下となる．

$$L(\theta) = \prod_{i=1}^{n} P(X = x_i)$$

よって，対数尤度関数 $l(\theta)$ は以下となる．

$$l(\theta) = \log L(\theta) = \sum_{i=1}^{n} \log P(X = x_i)$$

$$= \sum_{i=1}^{n} \{x_i \log \theta + (1-x_i) \log(1-\theta)\}$$

$$l'(\theta) = \sum_{i=1}^{n} \left(\frac{x_i}{\theta} - \frac{1-x_i}{1-\theta} \right) = \sum_{i=1}^{n} \frac{x_i - \theta}{\theta(1-\theta)}$$

最尤法では対数尤度関数 $l(\theta)$ を最大にする $\theta = \hat{\theta}$ が最尤推定値となる．$l'(\hat{\theta}) = 0$ より，$\sum_{i=1}^{n}(x_i - \hat{\theta}) = 0$．以上より，$\hat{\theta} = \frac{1}{n}\sum_{i=1}^{n} x_i$．また，$\sum_{i=1}^{n} x_i = m$ なので，

$\hat{\theta} = m/n$ となる.

(2) n 本中,当たりを引いたのは m 本,ハズレを引いたのは $n-m$ 本.当たりを引く確率は θ,ハズレを引く確率は $1-\theta$.以上より,対数尤度は
$$m \log \theta + (n-m) \log(1-\theta)$$
となる.これを θ の関数とみて $l(\theta)$ おくと,$l(\theta)$ を最大にする $\theta = \hat{\theta}$ を求めればよい.$l(\theta)$ が $\theta = \hat{\theta}$ で最大値をとるとすれば $l'(\hat{\theta}) = 0$ となるので,
$$l'(\theta) = \frac{m}{\theta} - \frac{n-m}{1-\theta} = \frac{m-n\theta}{\theta(1-\theta)}$$
より,$m - n\hat{\theta} = 0$.よって,$\hat{\theta} = m/n$ となる.

この問題の答えは同じになりました.実はこれは偶然ではなく,一般に,対数尤度をパラメータの関数とみた場合に,その関数は第 4 章で学んだ対数尤度関数と一致します.つまり,第 4 章で学んだ最尤法は,KL 情報量に基づくモデル推定という原理からも説明することができます.

パラメータが複数ある場合も,第 4 章で学んだ方法と同様にして最尤推定値を求めることができます.

例題 6.3 ある確率変数が試行回数 n の多項分布に従っているとする.すなわち試行の結果は 1 から m の m 種類である.この試行を n 回行い,各結果 i が生じた回数に注目するという設定である.n 回の試行を行ったとき,結果 i の生じた回数は x_i であった.結果 i が生じる確率 p_i の最尤推定値を求めよ.

■ 解 答 ■
$p_m = 1 - \sum_{i=1}^{m-1} p_i$ の関係があるので,対数尤度は
$$l(p_1, p_2, \cdots, p_{m-1}) = \sum_{i=1}^{m-1} x_i \log p_i + x_m \log\left(1 - \sum_{i=1}^{m-1} p_i\right).$$
各 p_i に関して偏微分して,
$$\frac{\partial l}{\partial p_i} = \frac{x_i}{p_i} - \frac{x_m}{1 - \sum_{i=1}^{m-1} p_i}$$

最大値を与える p_i は極値になっているので，$\dfrac{\partial l}{\partial p_i} = 0$ より，

$$\frac{x_i}{p_i} = \frac{x_m}{1 - \sum_{i=1}^{m-1} p_i} = \frac{x_m}{p_m}$$

これがすべての i について成立するので，x_i/p_i は定数 C となる．また

$$n = \sum_{i=1}^{m} x_i = \sum_{i=1}^{m} C p_i = C$$

よって，p_i の最尤推定値は x_i/n となる．

ここでは離散型のみを扱い，連続型確率変数については説明を省いていますが，同じ考え方から，離散型と同様の結果が得られます．

連続型確率変数 X に対してモデル q の確率密度関数を $f(x)$，X からの標本を $x_1, x_2, \cdots, x_n$ とおくとき，モデル q に対する対数尤度は，以下で表せます．

$$\sum_{i=1}^{n} \log f(x_i)$$

6.4 情報量規準

最尤法は母集団の分布の概略はわかっており，分布の式に未知パラメータが含まれるような場合に，標本からそのパラメータを推定する手法です．

最尤法は強力ですが，母集団の分布の概略がわかっているという仮定は強い制約です．そこでこの制約を少し緩和した以下のような状況を考えてみます．
「母集団 X の分布の概略は M_1 か M_2 のどちらかだと思われる．M_1 だとすれば，分布の式に未知パラメータの列 $(\alpha_1, \alpha_2, \cdots, \alpha_k)$ が含まれ，M_2 だとすれば，分布の式に未知パラメータの列 $(\beta_1, \beta_2, \cdots, \beta_m)$ が含まれる．」

この状況で X から標本 $x_1, x_2, \cdots, x_n$ を取り出して，M_1 と M_2 のうちどちらの分布の方がよりよいかを判定する問題を考えてみます．

分布の概略とここではいっていますが，これは確率モデルに他なりませんので，上記問題は**モデル選択** (model selection) と呼ばれています．モデル選択を行うことができれば，分布の式に含まれる未知パラメータは最尤法により求まります．

モデル選択を行うために，ここではモデル M のよさを測るものさしとして**情報量規準** (Akaike Information Criterion, 以下 AIC とも記す [*1]) を導入します．ここでは難しい理論が必要になるので，結論だけ述べます．

情報量規準では，モデル M に対して実数値 AIC(M) を与えます．そして AIC(M) の値が小さいほどよいモデルであると判定します．AIC(M) の定義は以下です．

$$\text{AIC}(M) = -2\,((M \text{ の最大対数尤度}) - (M \text{ のパラメータ数}))$$

最初の問題に戻れば，AIC(M_1) の値と AIC(M_2) の値とを比較して小さいモデルの方がよいモデルということになります．

AIC(M) の定義の中で，**最大対数尤度**とモデルのパラメータ数という用語が出ています．これを説明します．最大対数尤度とは，対数尤度関数 $l(\theta)$ が $\theta = \hat{\theta}$ で最大値をとるとき，その最大値 $l(\hat{\theta})$ のことです．モデルのパラメータ数とは，分布の式に含まれる未知パラメータの個数です．最初の問題では，モデル M_1 には未知パラメータ $\alpha_1, \alpha_2, \cdots, \alpha_k$ があったので，モデル M_1 のパラメータ数は k です．同様に，モデル M_2 には未知パラメータ $\beta_1, \beta_2, \cdots, \beta_m$ があったので，モデル M_2 のパラメータ数は m です．

例題 6.4 ある試行を 3 回行ったところ，1,1,2 という 3 つの数値が得られた．この試行の確率モデル M_1 として 2 項分布 $B(2, \theta)$ を考えたときの M_1 の情報量規準 AIC(M_1) を求めよ．また，確率モデル M_2 として 2 項分布 $B(3, \theta)$ を考えたときの M_2 の情報量規準 AIC(M_2) を求め，M_1 と M_2 のどちらが真のモデルに近いかを判定せよ．

■ 解 答 ■

この試行の結果を確率変数 X として，そのモデルとして 2 項分布 $B(2, \theta)$ を仮定した場合，$P(X=1) = 2\theta(1-\theta)$, $P(X=2) = \theta^2$ であるので，対数尤度は

$$l(\theta) = 2\log P(X=1) + 1\log P(X=2)$$
$$= 2\log 2 + 4\log \theta + 2\log \theta$$

[*1] Akaike とは赤池弘次 博士のことです．AIC は日本人による偉大な業績です．

$l(\theta)$ は，$\theta = 2/3$ で最大値 -2.433 をとるので，最大対数尤度は -2.433 である．また，モデル M_1 のパラメータ数は 1 なので，

$$\text{AIC}(M_1) = -2(-2.433 - 1) = 6.865$$

X のモデルとして 2 項分布 $B(3, \theta)$ を仮定した場合，$P(X = 1) = 3\theta(1-\theta)^2$，$P(X = 2) = 3\theta^2(1-\theta)$ であるので，対数尤度は

$$l(\theta) = 2\log P(X=1) + 1\log P(X=2)$$
$$= 3\log 3 + 4\log \theta + 5\log(1-\theta)$$

以上より，$l(\theta)$ は $\theta = 4/9$ で最大値 -2.887 をとるので，最大対数尤度は -2.887 である．また，モデル M_2 のパラメータ数は 1 なので，

$$\text{AIC}(M_2) = -2(-2.887 - 1) = 7.774$$

以上より，$\text{AIC}(M_1) < \text{AIC}(M_2)$ なので，モデル M_1 の方が真のモデルに近い．

6.5 モデル選択からの検定

第 5 章で学んだ検定はモデル選択という観点から解くことも可能です．

仮説もあるメカニズムを説明しようとする一種のモデルです．帰無仮説と対立仮説が確率モデルとして表現できる場合には，検定は標本を利用して，どちらのモデルがより真のモデルに近いかを判定するモデル選択の問題と見なせます．

例題 6.5 あるテレビ番組の視聴率を調べるために，180 人にその番組を見ているかどうか訊ねた．結果，30 人が見ていた．この番組の視聴率は 20% であるといえるか．(これは例題 5.5 (p.122) と同じ問題である)．

■ 解 答 ■

180 人中そのテレビ番組を見ていた人数を X とおくとき，X には 2 つのモデルが考えられる．1 つは視聴率を 0.2 とするモデル $B(180, 0.2)$ と，視聴率が 0.2 ではなくある別の値 p とするモデル $B(180, p)$ である．前者のモデルを M_1，後者のモデルを M_2 と名付ける．

標本と AIC を用いてモデル M_1 と M_2 のどちらがより真のモデルに近いかを判定する．M_1 の場合，推定すべきパラメータはないので，パラメータ数は 0 であることに注意すると，

$$\mathrm{AIC}(M_1) = -2(C + 30\log 0.2 + 150\log 0.8 - 0) = -2C + 163.5$$

ただし，$C = \log {}_nC_{n_1}$．M_2 の場合，推定すべきパラメータとして p が存在するので，パラメータ数は 1 である．最尤法で p を求めると $p = 30/180 = 0.167$ となるので，

$$\mathrm{AIC}(M_2) = -2(C + 30\log 0.167 + 150\log 0.833 - 1) = -2C + 164.2$$

以上より $\mathrm{AIC}(M_1) < \mathrm{AIC}(M_2)$．よって，モデル M_1 の方がより真のモデルに近いことがわかる．つまり視聴率は 0.2 と見なす方がよい．

例題 6.6 サイコロを 100 回振り，出た目の数は以下のとおりであった．これは公正なサイコロといえるか (これは例題 5.11 (p.133) と同じ問題である)．

サイコロの目	1	2	3	4	5	6
出た回数	22	14	11	16	13	24

■ 解 答 ■

2 つのモデルを考える．1 つはサイコロが公正なものであり，各目の出る確率が等しい (1/6) とするモデルである (モデル M_1 と名付ける)．もう 1 つはサイコロが公正なものでなく，目 i の出る確率は p_i となっているモデルである (モデル M_2 と名付ける)．モデル M_1 にパラメータはないので，

$$\mathrm{AIC}(M_1) = -2(C + 22\log(1/6) + 14\log(1/6) + 11\log(1/6)$$
$$+ 16\log(1/6) + 13\log(1/6) + 24\log(1/6) - 0)$$
$$= -2C + 200\log 6 = -2C + 358.35$$

ただし，$C = \log\left(n! \Big/ \prod_{i=1}^{6} n_i!\right)$．モデル M_2 のパラメータは $p_1, p_2, \cdots, p_6$ の 6 つありそうだが，実際は $\sum p_i = 1$ の関係があるので 5 つである．また，モデル M_2 は多項分布になっているので，各 p_i を最尤推定すると，$p_1 = 0.22$，$p_2 = 0.14$，$p_3 = 0.11$，$p_4 = 0.16$，$p_5 = 0.13$，$p_6 = 0.24$ となる．以上より，

$$\text{AIC}(M_2) = -2(C + 22\log(0.22) + 14\log(0.14) + 11\log(0.11)$$
$$+ 16\log(0.16) + 13\log(0.13) + 24\log(0.24) - 5)$$
$$= -2C + 360.4$$

$\text{AIC}(M_1) < \text{AIC}(M_2)$ なので，モデル M_1 の方がより真のモデルに近い．つまりこのサイコロは公平と考える方が妥当である．

例題 6.7 ある政策について男女別に意見を聞いたところ，以下の結果を得た．この政策の賛否と性別に関連はあるか（これは例題 5.10 (p.131) および例題 5.13 (p.139) と同じ問題である）．

	賛成	反対
男性	35 人	66 人
女性	44 人	50 人

■ 解 答 ■

ここでは一般的に解いてみる．分割表の問題は観点 A と観点 B が独立であるかどうかを判断することで行える．それぞれをモデルとしてとらえ，独立であると考えるモデルを**独立モデル**，独立でないと考えるモデルを**従属モデル**と呼ぶことにする．

観点 A では値として A_1 か A_2 をとり，観点 B では値として B_1 か B_2 をとる．観点 A で A_1 をとる確率を p とし，観点 B で B_1 をとる確率を q とする．

独立モデルでは分割表の各要素が生じる確率は以下のようになる．

	B_1	B_2	計
A_1	pq	$p(1-q)$	p
A_2	$(1-p)q$	$(1-p)(1-q)$	$1-p$
計	q	$1-q$	1

従属モデルでは分割表の各要素が生じる確率は以下のようになる．

第6章 モデル推定とモデル選択

	B_1	B_2	計
A_1	p_{11}	p_{12}	$p_{11}+p_{12}$
A_2	p_{21}	p_{22}	$p_{21}+p_{22}$
計	$p_{11}+p_{21}$	$p_{12}+p_{22}$	1

ここで，$p_{11} + p_{12} + p_{21} + p_{22} = 1$ の関係があるので，パラメータ数は 3 であることに注意する．

次に観測データが以下のように与えられたとする．

	B_1	B_2
A_1	a	b
A_2	c	d

周辺度数を次のようにおく．
$$h = a+b, \quad k = a+c, \quad n = a+b+c+d$$

独立モデルの同時確率は
$$\begin{aligned}P(a,b,c,d) &= (pq)^a (p(1-q))^b ((1-p)q)^c ((1-p)(1-q))^d \\ &= p^{a+b} q^{a+c} (1-p)^{c+d} (1-q)^{b+d} \\ &= p^h q^k (1-p)^{n-h} (1-q)^{n-k}\end{aligned}$$

なので，対数尤度は
$$L_0 = h\log p + k\log q + (n-h)\log(1-p) + (n-k)\log(1-q)$$

これを最大にする p,q を求めると，
$$\hat{p} = \frac{h}{n}, \quad \hat{q} = \frac{k}{n}$$

よって，最大対数尤度は
$$\begin{aligned}M_0 &= h\log\hat{p} + k\log\hat{q} + (n-h)\log(1-\hat{p}) + (n-k)\log(1-\hat{q}) \\ &= h\log\frac{h}{n} + k\log\frac{k}{n} + (n-h)\log\frac{n-h}{n} + (n-k)\log\frac{n-k}{n} \\ &= h\log h + k\log k + (n-h)\log(n-h) + (n-k)\log(n-k) - 2n\log n\end{aligned}$$

以上より，独立モデルの情報量規準 AIC_0 は，パラメータ数が 2 であることに注意すると
$$\mathrm{AIC}_0 = -2M_0 + 4$$

となる．

次に，従属モデルの同時確率は

6.5 モデル選択からの検定

$$P(a,b,c,d) = p_{11}^a \, p_{12}^b \, p_{21}^c \, p_{22}^d$$

なので，対数尤度は

$$L_1 = a \log p_{11} + b \log p_{12} + c \log p_{21} + d \log p_{22}$$

これを最大にするような，$p_{11}, p_{12}, p_{21}, p_{22}$ を求める．これは多項分布の最大対数尤度を求めた際と同じ処理になり，結局，$p_{11}, p_{12}, p_{21}, p_{22}$ の最尤推定値は以下のようになる．

$$\widehat{p_{11}} = \frac{a}{n}, \quad \widehat{p_{12}} = \frac{b}{n}, \quad \widehat{p_{21}} = \frac{c}{n}, \quad \widehat{p_{22}} = \frac{d}{n}$$

よって最大対数尤度は

$$M_1 = a \log \widehat{p_{11}} + b \log \widehat{p_{12}} + c \log \widehat{p_{21}} + d \log \widehat{p_{22}}$$
$$= a \log a + b \log b + c \log c + d \log d - n \log n$$

となる．以上より，従属モデルの情報量規準 AIC_1 は，パラメータ数が 3 であることに注意すると

$$\mathrm{AIC}_1 = -2M_1 + 6$$

となる．この問題に適用してみると，

$$\mathrm{AIC}_0 = -2(79 \log 79 + 101 \log 101 + 116 \log 116 + 94 \log 94$$
$$-2 \cdot 195 \log 195) + 4$$
$$= 537.34$$

$$\mathrm{AIC}_1 = -2(35 \log 35 + 66 \log 66 + 44 \log 44 + 50 \log 50$$
$$-195 \log 195) + 6$$
$$= 536.35$$

$\mathrm{AIC}_1 < \mathrm{AIC}_0$ であるので，独立ではないと見なせる．つまり，関連はあるといえる．

例題 5.10 (p.131) では帰無仮説 (関連はない) が採択され，例題 5.13 (p.139) でも帰無仮説 (関連はない) が採択されましたが，ここでの結論は「関連がある」でした．しかし，矛盾していると考えることはありません．本来，帰無仮説は何もいっていません．

検定では，棄却域を設定するときに有意水準を設定します．例題 5.10 でも例題 5.13 でも有意水準を 0.05 にとったため，帰無仮説を棄却できませんでしたが，有意水準を 0.10 にとった場合，どちらも対立仮説が採択され「関連はあ

る」が結論になります．実は検定では有意水準のとり方で恣意性が出てしまいます．モデル選択の場合には，有意水準という考え方がないので，すっきりと結論付けることができ，この点でモデル選択を使った検定の方が優れているといえます．

◆◆ 第6章のまとめ ◆◆

本章ではモデル推定とモデル選択について学びました．

❏ **確率モデル**

偶然をともなうある実験を考え，その結果が生じるメカニズムを確率を用いて説明したものが確率モデルです．具体的には実験の結果を確率変数と見なし，その確率分布が確率モデルです．

❏ **KL 情報量**

モデル間の距離を定義しておくと有益です．ここでは KL 情報量を導入しました．厳密には距離にならないので順序に注意して下さい．

❏ **モデル推定からの最尤法**

真のモデルとの距離を最小にするようにモデルを設定することがモデル推定です．分布の概略がわかっておりパラメータを推定する形では，第 4 章で学んだ最尤法と等価になります．

❏ **情報量規準 (AIC)**

2 つのモデルのどちらがより適切なモデルかを判断する規準として情報量規準 (AIC) があります．

❏ **モデル選択による検定**

検定はモデルの選択の一種です．第 5 章で学んだいくつかの検定はモデル選択の問題としても取り扱えます．

練習問題 6

6.1 ある連続型確率変数 X があり，平均 $E(X) = \mu$，および分散 $V(X) = \sigma^2$ は与えられているとする．また，X の確率密度関数 $f(x)$ とする．このとき次の $H(f)$ を X のエントロピーという．

$$H(f) = -\int_{-\infty}^{\infty} f(x) \log f(x) dx$$

X のエントロピーを最大にする確率分布は平均 μ，分散 σ^2 の正規分布であることを示せ．

6.2 母集団 X は正規分布 $N(\theta, \sigma^2)$ に従っている（平均は未知で分散は既知である）．ここから n 個の標本値 $x_1, x_2, \cdots, x_n$ を取り出した．θ の推定値を「対数尤度の大きなモデルほどよいモデル」という原理から求めよ．

6.3 母集団 X はポアソン分布 $Po(\theta)$ に従っている（平均 θ は未知である）．ここから n 個の標本値 $x_1, x_2, \cdots, x_n$ を取り出した．θ の最尤推定値を求め，この分布の最大対数尤度を求めよ．

6.4 母集団 X は正規分布 $N(\theta_1, \theta_2)$ に従っている（平均も分散も未知である）．ここから n 個の標本値 $x_1, x_2, \cdots, x_n$ を取り出した．θ_1 と θ_2 の最尤推定値を求め，この分布の最大対数尤度を求めよ．

6.5 以下のような 8 個の観測値が得られたとする．

−1.15, −0.40, −0.20, −0.02, 0.02, 0.75, 1.40, 3.85

この数値を発生するモデルとして 2 つのモデルを考えた．1 つ目は確率密度関数が以下で表現されるモデル

$$f_1(x) = \frac{1}{\sqrt{2\pi}} e^{-x^2/2}$$

である．2 つ目は確率密度関数が以下で表現されるモデル

$$f_2(x) = \frac{1}{\pi(x^2 + 1)}$$

である．どちらのモデルがより真のモデルに近いかを判定せよ．

6.6 ある風邪の予防薬について，服用の有無と，風邪をひいたか，ひかなかったかについて以下のデータが得られた．

	風邪をひいた	ひかなかった	計
薬 服 用	180	370	550
薬非服用	450	650	1100
計	630	1020	1650

この薬は効果があるかどうかを，以下の方法で検定せよ．

(1) 比率の差の検定
(2) 2 分割表の独立性の検定
(3) モデル選択を利用した方法

練習問題の解答

第1章

1.1 (1) $S = \{(1,1), (1,2), \cdots, (1,6), \cdots, (6,1), (6,2), \cdots, (6,6)\}$
(2) $A = \{(1,5), (2,4), (3,3), (4,2), (5,1)\}$
(3) $B = \{(2,2), (2,4), (2,6), (4,2), (4,4), (4,6), (6,2), (6,4), (6,6)\}$
(4) $A \cup B = \{(1,5), (2,2), (2,4), (2,6), (3,3), (4,2), (4,4), (4,6),$
$(5,1), (6,2), (6,4), (6,6)\}$
(5) $A \cap B = \{(2,4), (4,2)\}$

1.2 (1) $P(A_1) = 25/72$
(2) $P(A_2) = 25/72$
(3) 1と2が1つずつ出る確率.$P(A_1 \cap A_2) = 1/9$
(4) 1あるいは2がちょうど1つ出る確率.
$$P(A_1 \cup A_2) = P(A_1) + P(A_2) - P(A_1 \cap A_2) = 7/12$$

1.3 (1) $P(A) = 5/6$
(2) $P(B) = 11/36$
(3) $P(A \cap B)$: 少なくとも1個1の目が出ていて,もう1個は1以外の目が出ている確率.$P(A \cap B) = 5/18$
(4) $P(A|B)$: 少なくとも1個1の目が出ているという仮定のもとで,2つのサイコロの目が異なる確率.
$P(B|A)$: 2つのサイコロの目が異るという仮定のもとで,1方のサイコロの目が1である確率.
(5) $P(A|B) = P(A \cap B)/P(B) = 10/11$
$P(B|A) = P(A \cap B)/P(A) = 1/3$

1.4 $3671/90000$

1.5 0.2937, 22人以下
《ヒント: xが非常に小さい正の数のとき $\log(1-x) \simeq -x$》

162　練習問題の解答

1.6　$1/2$

《ヒント: 数学的帰納法を用いて示す.》

1.7　A と B は独立ではなく，A と C は独立であり，B と C は独立ではない.

1.8　$1/2$

《ヒント: A を A 君が勝つ事象，B_i を B 君がカード i を引く事象とすると，
$$P(A) = \sum_{i=1}^{n} P(B_i) P(A|B_i) = \sum_{i=1}^{n} \frac{n-i}{n(n-1)}$$
が成立する.》

1.9　$\dfrac{98}{1097} \cong 0.0893$

《ヒント: 求める確率は $P(\text{感染}\,|\,\text{陽性})$. ここからベイズの定理を用いる.》

1.10　誤りである．息子がいるという情報を得た段階で，男男，男女，女男の各ケースの確率が等確率ではなくなる．

第 2 章

2.1　$a = 1/15,\ E(X) = 11/3,\ V(X) = 14/9$.

2.2　$P(X = 10) = p,\ P(X = -10) = 1 - p$.

2.3　$a = 1,\ E(X) = 2,\ V(X) = 2$.

2.4　$E(X) = 3/2,\ V(X) = 3/4$.

2.5　(1)　$E(X) = 1/2,\ V(X) = 1/4$.
　　　(2)　$E(Y) = 3/2,\ V(Y) = 11/12$.
　　　(3)　$E(Z) = 2$

2.6　(1)　$E(X) = 7/2,\ V(X) = 35/12$.
　　　(2)　$Y = 20X - 70$
　　　(3)　$E(Y) = 0,\ V(Y) = 3500/3$.

2.7　$P(Y = 1) = 1/3,\ P(Y = 0) = P(Y = 4) = P(Y = 9) = P(Y = 16) = 1/6.\ E(Y) = 31/6,\ V(Y) = 1169/36$.

2.8　(1)　$X \sim B(5, p),\ P(X = x) = {}_5C_x p^x (1-p)^{5-x}$.
　　　(2)　$E(X) = 5p,\ V(X) = 5p(1-p)$.
　　　(3)　$Y = 30X - 50$

練習問題の解答 **163**

  (4) $E(Y) = 150p - 50, \ V(Y) = 4500p(1-p)$.

2.9 (1) $8/27$
  (2) $2X - n$
  (3) $E(X) = (2/3)n, \ V(X) = (2/9)n$.
  (4) $E(2X - n) = n/3$

2.10 (1) $[0, 1)$
  (2) $E(X) = 1/2, \ V(X) = 1/12$.

2.11 $f(y) = \dfrac{1}{2\sqrt{y-1}} \quad (1 < y < 2)$

2.12 約 15.9%

2.13 (1) 0.5328
  (2) $a = -2.12$
  (3) $b = 0.12$

2.14 (1) $a = 2/3$
  (2) $f_x(x) = \dfrac{4}{3}x + \dfrac{1}{3}$
  (3) $f_y(y) = \dfrac{2}{3}y + \dfrac{2}{3}$
  (4) $E(X) = 11/18$
  (5) $E(Y) = 5/9$
  (6) $-1/162$

2.15 (1) $\mu_x - 2\mu_y + 1$
  (2) $\sigma_x^2 + 4\sigma_y^2$
  (3) $\mu_x(\mu_y + 1)$
  (4) $(\sigma_x^2 + \mu_x^2)(\sigma_y^2 + \mu_y^2 + 2\mu_y + 1) - \mu_x^2(\mu_y + 1)^2$

2.16 (1) 0.0945
  (2) $P(青 = 4) = {}_8C_4(0.5)^4(0.5)^4 = 0.2734375$
  (3) $P(赤 = 0, 白 = 4, 青 = 4) = 0.007$
    $P(赤 = 1, 白 = 3, 青 = 4) = 0.042$
    $P(赤 = 2, 白 = 2, 青 = 4) = 0.0945$
    $P(赤 = 3, 白 = 1, 青 = 4) = 0.0945$
    $P(赤 = 4, 白 = 0, 青 = 4) = 0.0354375$
    以上より $P(青 = 4) = 0.2734375$

第 3 章

3.1 $\bar{x} = 1.16$, $s^2 = 0.0384$, $u^2 = 0.048$.

3.2   (1) $3\mu - 1$
         (2) $5\sigma^2$
         (3) $\mu^2(\sigma^2 + \mu^2)$
         (4) $\mu(\mu + 1)$

3.3   (1) $4\left(\dfrac{\sigma^2}{n}\right) + (2\mu - 3)^2$
         (2) $n(\sigma^2 + (\mu - 2)^2)$

3.4   18.307

3.5   0.1

3.6   (1) $Z_x = X/\sqrt{2}$
         (2)   0.52
         (3) χ_2^2分布
         (4) $r = 1.66$

3.7   2.131

3.8   0.95

3.9 $N(0, 1)$

3.10 $F_{10}^8(0.05) = 3.07$, $F_8^{10}(0.95) = 0.326$.

3.11 $T^2 = X^2/(Y/n)$ であり $X^2 \sim \chi_1^2$分布, $Y \sim \chi_n^2$分布 より示すことができる.

第 4 章

4.1   有効推定量ではない.

4.2 $E(U) = \sqrt{\dfrac{2}{n-1}} \cdot \dfrac{\Gamma(\frac{n}{2})}{\Gamma(\frac{n-1}{2})} \sigma$ より不偏推定量ではない.

4.3 $\bar{X}$

4.4 $10000/\bar{X}$

4.5   (1) $E(X_i) = 10p$, $V(X_i) = 100p(1 - p)$.

(2) $E(Y) = 10np$, $V(Y) = 100np(1-p)$.

(3) $E(Z) = \dfrac{1}{10n}E(Y) = p$

(4) $E(W) = \dfrac{10(n+1)p}{10n+10} = p$

(5) $V(Z) = \dfrac{p(1-p)}{n}$, $V(W) = \dfrac{(n+3)}{(n+1)^2}p(1-p)$ より $V(Z) < V(W)$.
よって Z の方が有効.

4.6 (1) $P(X=x) = {}_nC_x p^x(1-p)^{n-x}$.

(2) $Y = 2X - n$.

(3) $P(Y=y) = P(X = \frac{y+n}{2}) = {}_nC_{\frac{y+n}{2}} p^{\frac{y+n}{2}}(1-p)^{\frac{n-y}{2}}$

(4) $\dfrac{\sum\limits_{i=1}^{m} Y_i + nm}{2mn}$

(5) $E(\hat{\theta}) = \dfrac{\sum\limits_{i=1}^{m} E(Y_i) + nm}{2mn}$, $E(Y_i) = 2np - n$ より $E(\hat{\theta}) = p$.

4.7 $1/\bar{X}$

4.8 (1) $-\dfrac{n}{\sum\limits_{i=1}^{n} \log X_i}$

(2) $\bar{X}/3$

4.9 (1) 分布関数 $F(y)$ とすると,
$F(y) = P(Y \le y) = P(X_1 \le y, X_2 \le y, \cdots, X_n \le y,) = (P(X \le y))^n$
と $P(X \le y) = \dfrac{y}{\theta}$ より $F(y)$ が求まる. $g(y) = F'(y)$ より示せる.

(2) $E(\theta_1) = \dfrac{n+1}{n}E(Y)$, $E(Y)$ は定義式から $\dfrac{n}{n+1}\theta$. 以上より θ_1 の不偏性が示せる. $E(\theta_2) = 2E(\bar{X}) = 2E(X)$ より θ_2 の不偏性が示せる.

(3) $V(\theta_1) = \dfrac{1}{n(n+2)}\theta^2$, $V(\theta_2) = \dfrac{1}{3n}\theta^2$ より $V(\theta_1) < V(\theta_2)$. よって θ_1 の方が有効.

4.10 95%信頼区間 $(17.57, 17.99)$, 90%信頼区間 $(17.60, 17.96)$.

4.11 $n = 10$ のとき $(15.99, 17.17)$, $n = 20$ のとき $(16.21, 16.96)$.

4.12 $(0.881, 3.251)$

第 5 章

5.1 H_1 採択.

5.2 $t = -0.843$, H_0 採択.

5.3 $z = -1.400$, H_0 採択.

5.4 $z = 0.821$, H_0 採択.

5.5 $t = 0.679$, H_0 採択.

5.6 $z = -2.45$, H_1 採択.

5.7 $f = 1.581$, H_0 採択.

5.8 $z = 1.046$, H_0 採択.

5.9 $y = 1.073$, H_0 採択.

5.10 $y = 6.071$, H_1 採択.

5.11 $y = 5.36$, H_1 採択.

第 6 章

6.1 $N(\mu, \sigma^2)$ の確率密度関数を $g(x)$ とおくとき, $I(f;g) = H(g) - H(f) \geq 0$ より示せる.

6.2 $\bar{x}$

6.3 $\theta = \bar{x}$, $-n\bar{x} + \left(\sum_{i=1}^{n} x_i\right) \log \bar{x} - \sum_{i=1}^{n} \log x_i!$

6.4 $\theta_1 = \dfrac{\bar{x}}{n}$, $\theta_2 = \dfrac{1}{n}\sum_{i=1}^{n}(x_i - \bar{x})^2$, $-\dfrac{n}{2}\log\left(\dfrac{2\pi}{n}\sum_{i=1}^{n}(x_i - \bar{x})^2\right) - \dfrac{n}{2}$

6.5 f_1 のモデルの対数尤度は -18.62, また f_2 のモデルの対数尤度は -16.77. 以上より, f_2 のモデルの方が対数尤度が大きいので真の分布に近い.

6.6   (1) $z = -3.285$, H_1 採択. 比率の差はある.

      (2) $y = 10.4$, H_1 採択. 独立ではない.

      (3)   独立モデルの AIC は 4298.8, 従属モデルの AIC は 4290.3, よって従属モデルの方が真のモデルに近い.

参考図書

本書の読者は統計学の初心者だと思いますので，基礎的な事項を扱い，しかも日本語で書かれた統計学の本に限定して，参考図書を何冊かあげておきます．

『統計学入門』　　稲垣宣生，山根芳知，吉田光雄．裳華房．
『確率・統計』　　薩摩順吉．岩波書店．
　　　この2冊は初等統計学の入門書としては，適度に，優れていると思います．私はこの2冊で勉強を進めました．ただし，他の統計学の本と同様，確率変数の説明が簡潔過ぎてわかりづらいと思います．
『演習確率統計』　　洲之内治男，寺田文行，舟根智美．サイエンス社．
　　　演習問題を解かないとなかなか力はつきません．この本はタイトル通り，演習問題が集められています．自分の理解を試すつもりで解いてみると，いろいろ発見があると思います．ただ，本書より少し難しい事柄も扱っています．
『基本演習確率統計』　　和田秀三．サイエンス社．
　　　この本も問題集ですが，例題の解説集という感じです．本書では省略した定理3.9の証明も記載されています．この定理の証明をわかりやすく書いている数少ない本の1つです．
『確率の理解を探る − 3囚人問題とその周辺 − 』　　市川伸一．共立出版．
　　　本書では他の統計学の本ではあまり触れられていないベイズの定理を解説しました．この本はベイズの定理で算出される確率が，なぜ人間の直観と反するかを考察しています．ベイズの定理に興味を持たれたら，ぜひ読んでみることをお勧めします．「えっ！」と思えるようなベイズの定理の問題が数多く紹介されています．
『情報量統計学』　　坂元慶行，石黒真木夫，北川源四郎．共立出版．
『情報量規準による統計解析入門』　　鈴木義一郎．講談社．

情報量規準については，私はこの 2 冊で勉強しました．1 冊目の本は数式の変形が少し難しいですが，高校数学の範囲でなんとか追ってゆけます．2 冊目の本は情報量規準のアウトラインをつかむのによいと思います．

最後に今後の勉強のために 2 冊の本を紹介します．

『**多変量解析の実践 (上)・(下)**』　菅民郎．現代数学社．

　　本書では多変量解析について全く述べませんでした．しかし初等統計学の本では最後の方に少し書かれていることが多々あります．本書の後に多変量解析を勉強するとしたら，この本が簡単でよいと思います．簡単な例を通して，多変量解析の個々の手法は何を分析するためのものなのかが説明されています．実際の計算も示されています．ただし誤植が多いため，実際の計算は自分でも確認した方がよいでしょう．

『**データ学習アルゴリズム**』　渡辺澄夫．共立出版．

　　本書において繰り返し述べましたが，統計学は標本から母集団の様子を予測する学問です．これと非常に似た学問分野として機械学習があります．ある面で，統計学と機械学習は全く同じ問題を扱っています．この本は機械学習の数理的な基礎事項を解説しています．統計学の知識に，この本の内容を加えると，予測するということの理解がさらに深まると思います．初心者には少し難解です (特に 4 章) が，非常によい本です．科学における数学の重要性が感じられると思います．

(付表 1) 標準正規分布表

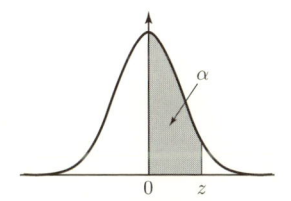

z	.00	.01	.02	.03	.04	.05	.06	.07	.08	.09
0.0	.0000	.0040	.0080	.0120	.0160	.0199	.0239	.0279	.0319	.0359
0.1	.0398	.0438	.0478	.0517	.0557	.0596	.0636	.0675	.0714	.0753
0.2	.0793	.0832	.0871	.0910	.0948	.0987	.1026	.1064	.1103	.1141
0.3	.1179	.1217	.1255	.1293	.1331	.1368	.1406	.1443	.1480	.1517
0.4	.1554	.1591	.1628	.1664	.1700	.1736	.1772	.1808	.1844	.1879
0.5	.1915	.1950	.1985	.2019	.2054	.2088	.2123	.2157	.2190	.2224
0.6	.2257	.2291	.2324	.2357	.2389	.2422	.2454	.2486	.2517	.2549
0.7	.2580	.2611	.2642	.2673	.2704	.2734	.2764	.2794	.2823	.2852
0.8	.2881	.2910	.2939	.2967	.2995	.3023	.3051	.3078	.3106	.3133
0.9	.3159	.3186	.3212	.3238	.3264	.3289	.3315	.3340	.3365	.3389
1.0	.3413	.3438	.3461	.3485	.3508	.3531	.3554	.3577	.3599	.3621
1.1	.3643	.3665	.3686	.3708	.3729	.3749	.3770	.3790	.3810	.3830
1.2	.3849	.3869	.3888	.3907	.3925	.3944	.3962	.3980	.3997	.4015
1.3	.4032	.4049	.4066	.4082	.4099	.4115	.4131	.4147	.4162	.4177
1.4	.4192	.4207	.4222	.4236	.4251	.4265	.4279	.4292	.4306	.4319
1.5	.4332	.4345	.4357	.4370	.4382	.4394	.4406	.4418	.4429	.4441
1.6	.4452	.4463	.4474	.4484	.4495	.4505	.4515	.4525	.4535	.4545
1.7	.4554	.4564	.4573	.4582	.4591	.4599	.4608	.4616	.4625	.4633
1.8	.4641	.4649	.4656	.4664	.4671	.4678	.4686	.4693	.4699	.4706
1.9	.4713	.4719	.4726	.4732	.4738	.4744	.4750	.4756	.4761	.4767
2.0	.4772	.4778	.4783	.4788	.4793	.4798	.4803	.4808	.4812	.4817
2.1	.4821	.4826	.4830	.4834	.4838	.4842	.4846	.4850	.4854	.4857
2.2	.4861	.4864	.4868	.4871	.4875	.4878	.4881	.4884	.4887	.4890
2.3	.4893	.4896	.4898	.4901	.4904	.4906	.4909	.4911	.4913	.4916
2.4	.4918	.4920	.4922	.4925	.4927	.4929	.4931	.4932	.4934	.4936
2.5	.4938	.4940	.4941	.4943	.4945	.4946	.4948	.4949	.4951	.4952
2.6	.4953	.4955	.4956	.4957	.4959	.4960	.4961	.4962	.4963	.4964
2.7	.4965	.4966	.4967	.4968	.4969	.4970	.4971	.4972	.4973	.4974
2.8	.4974	.4975	.4976	.4977	.4977	.4978	.4979	.4979	.4980	.4981
2.9	.4981	.4982	.4982	.4983	.4984	.4984	.4985	.4985	.4986	.4986
3.0	.4987	.4987	.4987	.4988	.4988	.4989	.4989	.4989	.4990	.4990

(付表 2) t 分布表

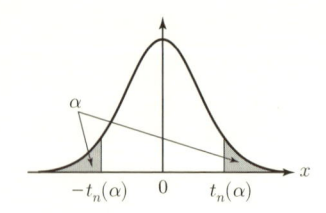

表の行:確率 α, 表の列:自由度 n

	0.95	.90	.50	.20	.10	.08	.05	.01
1	.079	.158	1.000	3.078	6.314	7.916	12.706	63.657
2	.071	.142	.816	1.886	2.920	3.320	4.303	9.925
3	.068	.137	.765	1.638	2.353	2.605	3.182	5.841
4	.067	.134	.741	1.533	2.132	2.333	2.776	4.604
5	.066	.132	.727	1.476	2.015	2.191	2.571	4.032
6	.065	.131	.718	1.440	1.943	2.104	2.447	3.707
7	.065	.130	.711	1.415	1.895	2.046	2.365	3.499
8	.065	.130	.706	1.397	1.860	2.004	2.306	3.355
9	.064	.129	.703	1.383	1.833	1.973	2.262	3.250
10	.064	.129	.700	1.372	1.812	1.948	2.228	3.169
11	.064	.129	.697	1.363	1.796	1.928	2.201	3.106
12	.064	.128	.695	1.356	1.782	1.912	2.179	3.055
13	.064	.128	.694	1.350	1.771	1.899	2.160	3.012
14	.064	.128	.692	1.345	1.761	1.887	2.145	2.977
15	.064	.128	.691	1.341	1.753	1.878	2.131	2.947
16	.064	.128	.690	1.337	1.746	1.869	2.120	2.921
17	.064	.128	.689	1.333	1.740	1.862	2.110	2.898
18	.064	.127	.688	1.330	1.734	1.855	2.101	2.878
19	.064	.127	.688	1.328	1.729	1.850	2.093	2.861
20	.063	.127	.687	1.325	1.725	1.844	2.086	2.845
25	.063	.127	.684	1.316	1.708	1.825	2.060	2.787
30	.063	.127	.683	1.310	1.697	1.812	2.042	2.750
40	.063	.126	.681	1.303	1.684	1.796	2.021	2.704
50	.063	.126	.679	1.299	1.676	1.787	2.009	2.678
60	.063	.126	.679	1.296	1.671	1.781	2.000	2.660
100	.063	.126	.677	1.290	1.660	1.769	1.984	2.626
500	.063	.126	.675	1.283	1.648	1.754	1.965	2.586

(付表 3) χ^2 分布表

$\chi_n^2(\alpha)$

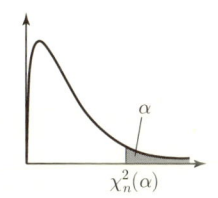

表の行:確率 α, 表の列:自由度 n

	.99	.975	.95	.90	.50	.10	.05	.025	.01
1	.000	.001	.004	.016	.455	2.706	3.841	5.024	6.635
2	.020	.051	.103	.211	1.386	4.605	5.991	7.378	9.210
3	.115	.216	.352	.584	2.366	6.251	7.815	9.348	11.345
4	.297	.484	.711	1.064	3.357	7.779	9.488	11.143	13.277
5	.554	.831	1.145	1.610	4.351	9.236	11.070	12.833	15.086
6	.872	1.237	1.635	2.204	5.348	10.645	12.592	14.449	16.812
7	1.239	1.690	2.167	2.833	6.346	12.017	14.067	16.013	18.475
8	1.646	2.180	2.733	3.490	7.344	13.362	15.507	17.535	20.090
9	2.088	2.700	3.325	4.168	8.343	14.684	16.919	19.023	21.666
10	2.558	3.247	3.940	4.865	9.342	15.987	18.307	20.483	23.209
11	3.053	3.816	4.575	5.578	10.341	17.275	19.675	21.920	24.725
12	3.571	4.404	5.226	6.304	11.340	18.549	21.026	23.337	26.217
13	4.107	5.009	5.892	7.042	12.340	19.812	22.362	24.736	27.688
14	4.660	5.629	6.571	7.790	13.339	21.064	23.685	26.119	29.141
15	5.229	6.262	7.261	8.547	14.339	22.307	24.996	27.488	30.578
16	5.812	6.908	7.962	9.312	15.338	23.542	26.296	28.845	32.000
17	6.408	7.564	8.672	10.085	16.338	24.769	27.587	30.191	33.409
18	7.015	8.231	9.390	10.865	17.338	25.989	28.869	31.526	34.805
19	7.633	8.907	10.117	11.651	18.338	27.204	30.144	32.852	36.191
20	8.260	9.591	10.851	12.443	19.337	28.412	31.410	34.170	37.566
21	8.897	10.283	11.591	13.240	20.337	29.615	32.671	35.479	38.932
22	9.542	10.982	12.338	14.041	21.337	30.813	33.924	36.781	40.289
23	10.196	11.689	13.091	14.848	22.337	32.007	35.172	38.076	41.638
24	10.856	12.401	13.848	15.659	23.337	33.196	36.415	39.364	42.980
25	11.524	13.120	14.611	16.473	24.337	34.382	37.652	40.646	44.314
26	12.198	13.844	15.379	17.292	25.336	35.563	38.885	41.923	45.642
27	12.879	14.573	16.151	18.114	26.336	36.741	40.113	43.195	46.963
28	13.565	15.308	16.928	18.939	27.336	37.916	41.337	44.461	48.278
29	14.256	16.047	17.708	19.768	28.336	39.087	42.557	45.722	49.588
30	14.953	16.791	18.493	20.599	29.336	40.256	43.773	46.979	50.892

(付表 4-1) F 分布表 ($\alpha = 0.05$, 分子の自由度 n_1 が 8 以下)

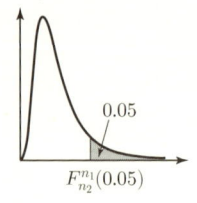

$F_{n_2}^{n_1}(0.05)$

表の行:自由度 n_1, 表の列:自由度 n_2

	1	2	3	4	5	6	7	8
1	161.45	199.50	215.71	224.58	230.16	233.99	236.77	238.88
2	18.51	19.00	19.16	19.25	19.30	19.33	19.35	19.37
3	10.13	9.55	9.28	9.12	9.01	8.94	8.89	8.85
4	7.71	6.94	6.59	6.39	6.26	6.16	6.09	6.04
5	6.61	5.79	5.41	5.19	5.05	4.95	4.88	4.82
6	5.99	5.14	4.76	4.53	4.39	4.28	4.21	4.15
7	5.59	4.74	4.35	4.12	3.97	3.87	3.79	3.73
8	5.32	4.46	4.07	3.84	3.69	3.58	3.50	3.44
9	5.12	4.26	3.86	3.63	3.48	3.37	3.29	3.23
10	4.96	4.10	3.71	3.48	3.33	3.22	3.14	3.07
11	4.84	3.98	3.59	3.36	3.20	3.09	3.01	2.95
12	4.75	3.89	3.49	3.26	3.11	3.00	2.91	2.85
13	4.67	3.81	3.41	3.18	3.03	2.92	2.83	2.77
14	4.60	3.74	3.34	3.11	2.96	2.85	2.76	2.70
15	4.54	3.68	3.29	3.06	2.90	2.79	2.71	2.64
16	4.49	3.63	3.24	3.01	2.85	2.74	2.66	2.59
17	4.45	3.59	3.20	2.96	2.81	2.70	2.61	2.55
18	4.41	3.55	3.16	2.93	2.77	2.66	2.58	2.51
19	4.38	3.52	3.13	2.90	2.74	2.63	2.54	2.48
20	4.35	3.49	3.10	2.87	2.71	2.60	2.51	2.45
21	4.32	3.47	3.07	2.84	2.68	2.57	2.49	2.42
22	4.30	3.44	3.05	2.82	2.66	2.55	2.46	2.40
23	4.28	3.42	3.03	2.80	2.64	2.53	2.44	2.37
24	4.26	3.40	3.01	2.78	2.62	2.51	2.42	2.36
25	4.24	3.39	2.99	2.76	2.60	2.49	2.40	2.34
26	4.23	3.37	2.98	2.74	2.59	2.47	2.39	2.32
27	4.21	3.35	2.96	2.73	2.57	2.46	2.37	2.31
28	4.20	3.34	2.95	2.71	2.56	2.45	2.36	2.29
29	4.18	3.33	2.93	2.70	2.55	2.43	2.35	2.28
30	4.17	3.32	2.92	2.69	2.53	2.42	2.33	2.27
40	4.08	3.23	2.84	2.61	2.45	2.34	2.25	2.18
50	4.03	3.18	2.79	2.56	2.40	2.29	2.20	2.13
100	3.94	3.09	2.70	2.46	2.31	2.19	2.10	2.03

(付表 4-2) F 分布表 ($\alpha = 0.05$, 分子の自由度 n_1 が 9 以上)

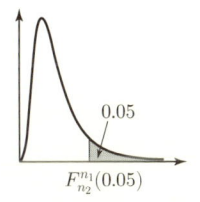

$F_{n_2}^{n_1}(0.05)$

表の行:自由度 n_1, 表の列:自由度 n_2

	9	10	12	14	16	20	30	50
1	240.54	241.88	243.91	245.36	246.46	248.01	250.10	251.77
2	19.38	19.40	19.41	19.42	19.43	19.45	19.46	19.48
3	8.81	8.79	8.74	8.71	8.69	8.66	8.62	8.58
4	6.00	5.96	5.91	5.87	5.84	5.80	5.75	5.70
5	4.77	4.74	4.68	4.64	4.60	4.56	4.50	4.44
6	4.10	4.06	4.00	3.96	3.92	3.87	3.81	3.75
7	3.68	3.64	3.57	3.53	3.49	3.44	3.38	3.32
8	3.39	3.35	3.28	3.24	3.20	3.15	3.08	3.02
9	3.18	3.14	3.07	3.03	2.99	2.94	2.86	2.80
10	3.02	2.98	2.91	2.86	2.83	2.77	2.70	2.64
11	2.90	2.85	2.79	2.74	2.70	2.65	2.57	2.51
12	2.80	2.75	2.69	2.64	2.60	2.54	2.47	2.40
13	2.71	2.67	2.60	2.55	2.51	2.46	2.38	2.31
14	2.65	2.60	2.53	2.48	2.44	2.39	2.31	2.24
15	2.59	2.54	2.48	2.42	2.38	2.33	2.25	2.18
16	2.54	2.49	2.42	2.37	2.33	2.28	2.19	2.12
17	2.49	2.45	2.38	2.33	2.29	2.23	2.15	2.08
18	2.46	2.41	2.34	2.29	2.25	2.19	2.11	2.04
19	2.42	2.38	2.31	2.26	2.21	2.16	2.07	2.00
20	2.39	2.35	2.28	2.22	2.18	2.12	2.04	1.97
21	2.37	2.32	2.25	2.20	2.16	2.10	2.01	1.94
22	2.34	2.30	2.23	2.17	2.13	2.07	1.98	1.91
23	2.32	2.27	2.20	2.15	2.11	2.05	1.96	1.88
24	2.30	2.25	2.18	2.13	2.09	2.03	1.94	1.86
25	2.28	2.24	2.16	2.11	2.07	2.01	1.92	1.84
26	2.27	2.22	2.15	2.09	2.05	1.99	1.90	1.82
27	2.25	2.20	2.13	2.08	2.04	1.97	1.88	1.81
28	2.24	2.19	2.12	2.06	2.02	1.96	1.87	1.79
29	2.22	2.18	2.10	2.05	2.01	1.94	1.85	1.77
30	2.21	2.16	2.09	2.04	1.99	1.93	1.84	1.76
40	2.12	2.08	2.00	1.95	1.90	1.84	1.74	1.66
50	2.07	2.03	1.95	1.89	1.85	1.78	1.69	1.60
100	1.97	1.93	1.85	1.79	1.75	1.68	1.57	1.48

索 引

あ 行

一様分布　38
一致推定量　96
一致性　96
ウェルチの方法　128
AIC　152
F 分布　84
　　　―表　85

か 行

χ^2 分布　75
　　　―表　79
確率　3
　　　―収束　96
　　　―の公理　4
　　　―分布　21
　　　―変数　14
　　　―密度関数　22
　　　―モデル　143
片側検定　112
カルバック-ライブラー情報量　145
ガンマ関数　76
棄却域　112
期待値　23
帰無仮説　112
共分散　54
空事象　2
区間推定　103

クラーメルラオの不等式　94
KL 情報量　145
検定　111
根元事象　2

さ 行

最大対数尤度　152
最尤推定量　98
最尤法　97
試行　1
事象　2
指数分布　40
従属　51
　　　―モデル　155
自由度　75
周辺確率密度関数　51
周辺分布　50
条件付き確率　5
乗法定理　6
情報量規準　152
信頼係数　103
推定値　91
推定量　91
正規化　46
正規分布　43
正則条件　94
01 分布　30
全確率の公式　8

索引　**175**

全事象　2
測度論　18

た 行

大数の法則　70
対数尤度　149
　　　―関数　98
対立仮説　112
多項分布　53
畳み込み　58
チェビシェフの不等式　70
中心極限定理　73
t 分布　80
　　　―表　82
テイラー展開　36
適合度検定　132
統計量　65
同時確率　5
同時確率密度関数　51
同時分布　50
特性値　89
独立　7, 50, 51
　　　―モデル　155

な 行

2 項定理　32
2 項分布　31
2 次元の確率変数　50

は 行

排反　3
半目盛補正　74
標準化　46
標準化定理　29
標準正規分布　45
　　　―表　48

標準偏差　24
標本　62
　　　―空間　1
　　　―抽出　62
　　　―分散　66
　　　―分布　65
　　　―平均　65
不偏推定量　92
不偏性　92
不偏標本分散　66
分割表　135
分散　24, 25
　　　―公式　28
分布関数　19
平均　23, 25
ベイズの定理　9
ポアソン分布　34
母集団　62
母分散　64
母平均　64

ま 行

モデル選択　151

や 行

有意水準　112
有効　94
　　　―推定量　95
尤度関数　98
余事象　2

ら 行

離散型確率変数　16
両側検定　112
連続型確率変数　18

著者略歴

新納　浩幸（しんのう・ひろゆき）
　1961 年　　長崎に生まれる
　1985 年　　東京工業大学理学部情報科学科卒業
　1987 年　　同大学大学院理工学研究科情報科学専攻修士課程修了
　2001 年　　茨城大学工学部システム工学科 助教授
　2005 年　　茨城大学工学部情報工学科助教授 (2007 年 4 月より准教授)
　　　　　　現在にいたる．博士 (工学)

数理統計学の基礎
　　―よくわかる予測と確率変数―　　　　　　　　　　　　Ⓒ 新納浩幸　2004

2004 年 5 月 26 日　第 1 版第 1 刷発行　　　　　【本書の無断転載を禁ず】
2013 年 4 月 15 日　第 1 版第 3 刷発行

著　　　者　　新納浩幸
発　行　者　　森北博巳
発　行　所　　森北出版株式会社
　　　　　　　東京都千代田区富士見 1-4-11(〒102-0071)
　　　　　　　電話 03-3265-8341 ／ FAX 03-3264-8709
　　　　　　　日本書籍出版協会・自然科学書協会・工学書協会　会員
　　　　　　　http://www.morikita.co.jp/
　　　　　　　JCOPY ＜(社) 出版者著作権管理機構 委託出版物＞

落丁・乱丁本はお取替えいたします　　　　　印刷/モリモト印刷・製本/石毛製本

Printed in Japan ／ ISBN978-4-627-09551-9